Karl Kaltenböck
**Chromatographie
für Einsteiger**

*Beachten Sie bitte auch
weitere interessante Titel
zu diesem Thema*

Ahuja, S.

Chromatography and Separations Chemistry

2010
ISBN: 978-0-471-18973-2

Meyer, V. R.

Praxis der Hochleistungs-Flüssigchromatographie

2008
ISBN: 978-3-527-32046-2

Otto, M.

Analytische Chemie

2006
ISBN: 978-3-527-31416-4

Meyer, V. R.

Fallstricke und Fehlerquellen der HPLC in Bildern

2006
ISBN: 978-3-527-31268-9

Karl Kaltenböck

Chromatographie für Einsteiger

Chromatographie für Einsteiger. Karl Kaltenböck
Copyright © 2008 WILEY-VCH Verlag GmbH & Co. KGaA, Weinheim
ISBN: 978-3-527-32119-3

Autor
Karl Kaltenböck
Plattform Chromatographie
Schulstraße 15
4532 Rohr i. Kremstal
Österreich

1. Auflage 2008

Alle Bücher von Wiley-VCH werden sorgfältig erarbeitet. Dennoch übernehmen Autoren, Herausgeber und Verlag in keinem Fall, einschließlich des vorliegenden Werkes, für die Richtigkeit von Angaben, Hinweisen und Ratschlägen sowie für eventuelle Druckfehler irgendeine Haftung

**Bibliografische Information
der Deutschen Nationalbibliothek**
Die Deutsche Nationalbibliothek verzeichnet diese Publikation in der Deutschen Nationalbibliografie; detaillierte bibliografische Daten sind im Internet über <http://dnb.d-nb.de> abrufbar.

© 2008 WILEY-VCH Verlag GmbH & Co. KGaA, Weinheim

Alle Rechte, insbesondere die der Übersetzung in andere Sprachen, vorbehalten. Kein Teil dieses Buches darf ohne schriftliche Genehmigung des Verlages in irgendeiner Form – durch Photokopie, Mikroverfilmung oder irgendein anderes Verfahren – reproduziert oder in eine von Maschinen, insbesondere von Datenverarbeitungsmaschinen, verwendbare Sprache übertragen oder übersetzt werden. Die Wiedergabe von Warenbezeichnungen, Handelsnamen oder sonstigen Kennzeichen in diesem Buch berechtigt nicht zu der Annahme, dass diese von jedermann frei benutzt werden dürfen. Vielmehr kann es sich auch dann um eingetragene Warenzeichen oder sonstige gesetzlich geschützte Kennzeichen handeln, wenn sie nicht eigens als solche markiert sind.

Satz Text- und Software-Service Manuela Treindl, Laaber
Druck Strauss GmbH, Mörlenbach
Bindung Litges & Dopf GmbH, Heppenheim
Cover Design Adam Design, Weinheim

Printed in the Federal Republic of Germany
Gedruckt auf säurefreiem Papier.

ISBN: 978-3-527-32119-3

Vorwort

„Zuerst fließt farblose Flüssigkeit aus der Röhre, dann gelb gefärbte, während sich ein leuchtend grüner Ring in den oberen Teilen der Inulin-Säule bildet, der nach kurzer Zeit an seinen unteren Ende einen gelben Rand bekommt. Nach weiterem Durchfluss von reinem Ligroin durch die Säule werden beide Ringe, der grüne und der gelbe, beträchtlich verbreitert und bis zu einem gewissen Grad nach unten mitgenommen. Wie farbige Strahlen aus dem Sonnenspektrum wurden aus der Pigmentmischung die verschiedenen Bestandteile gelöst und konnten qualitativ und quantitativ bestimmt werden."

Dies schrieb der russische Botaniker Michail Semonowitsch Tswett 1903 in sein Experimentierbuch, nannte die Methode zur Auftrennung von Chlorophyll-Farbstoffen Chromatographie (Farbschreibung) und legte damit den Grundstein für den Siegeszug der chromatographischen Analysetechniken.

Heute ist eine moderne Analytik ohne Chromatographie nicht denkbar. Durch die ständige Senkung der Nachweisgrenzen, die stetige Verfeinerung der Gerätetechnik und die Kopplung mit MS-Detektoren sind dem Anwendungsgebiet kaum Grenzen gesetzt.

Dieses Buch möchte den Einsteiger an alle Themen, die heute zu einer qualitätsgesicherten Chromatographie gehören, heranführen, ohne ihn anfangs mit der komplexen Theorie zu erschlagen, Grundlegendes der Chromatographie herausheben und einfach (nicht vereinfacht) darstellen. Dabei werden Themen wie Gaschromatographie, HPLC, Dünnschichtchromatographie sowie Labortechnik zur Probenvorbereitung, Qualitätssicherungssysteme, Statistik, Maintenance und Troubleshooting behandelt. Auch auf das wichtige „Werkzeug" Internet wird eingegangen.

Mit den enthaltenen Adressen, Links und Tabellen möchte ich allen Chromato-Grafen eine Unterstützung in der täglichen Praxis bieten.

Ich hoffe, ich kann allen Einsteigern das Staunen und den Spaß weitergeben, den ich selbst immer wieder bei der Anwendung der chromatographischen Analysetechniken erleben darf.

Rohr i. Kremstal, Juni 2008 *Karl Kaltenböck*

Chromatographie für Einsteiger. Karl Kaltenböck
Copyright © 2008 WILEY-VCH Verlag GmbH & Co. KGaA, Weinheim
ISBN: 978-3-527-32119-3

Danksagung

Für die Unterstützung beim Verfassen und Gestalten dieses Buches danke ich:

meiner Frau Marion
Wolfgang Zwettler (Landesregierung OÖ)
Ing. Christian Waizinger (Agilent Technologies Österreich)
Dr. Franz Weigang (Agilent Technologies Österreich)
Dr. Peter Heckenast (Dionex)
Helmut Klein (Heinecken – Brau Union)
Harald Buchberger (Nycomed Austria AG)
Hermann Kolla (Nycomed Austria AG)
Firma CAMAG (Fotos DC)
Firma Macherey-Nagel (Fotos SPE)

Chromatographie für Einsteiger. Karl Kaltenböck
Copyright © 2008 WILEY-VCH Verlag GmbH & Co. KGaA, Weinheim
ISBN: 978-3-527-32119-3

Inhaltsverzeichnis

Vorwort V

Danksagung VII

1 Grundlagen der Chromatographie 1
1.1 Einführung 2
1.2 Trennmechanismen 6
1.3 Die Van-Deemter-Gleichung 8

2 Grundbegriffe der Qualitätssicherung 11
2.1 Qualitätssicherung 12
2.2 SOP Standard Operating Procedures 18
2.3 Validierung 22
2.3.1 Systemtest: Ein Beispiel 26
2.4 Software für Chromatographiesysteme 28
2.5 Chromatogramm und Integration 30
2.5.1 Integration 32
2.5.3 Integrationspraxis und Beispiele 34

3 Berechnungen in der Chromatographie 41
3.1 Parameter eines Chromatogramms 42
3.2 Formelsammlung 43
3.3 Berechnungsbeispiele 49
3.4 Einführung in die Statistik 55

4 Dünnschichtchromatographie (DC/TLC) 59
4.1 DC: Einführung und Übersicht 60
4.2 DC: Probeaufbereitung 62
4.3 DC: Probedosierung 64
4.4 DC: Fließmittel 66
4.5 DC: Trennschicht 68
4.6 DC: Methodenwahl 70
4.7 DC: Entwicklung 72

Chromatographie für Einsteiger. Karl Kaltenböck
Copyright © 2008 WILEY-VCH Verlag GmbH & Co. KGaA, Weinheim
ISBN: 978-3-527-32119-3

4.8	DC: Detektion und Nachweise	74
4.9	DC: Auswertung und Dokumentation	76
4.10	DC: Beispiel für SOP	78
4.11	DC: Anwendungsbeispiele	80
4.11.1	DC: Beispiel I	80
4.11.2	DC: Beispiel II	81
4.11.3	DC: Beispiel III	82
4.11.4	DC: Beispiel IV	83
4.11.5	DC: Beispiel V	84
4.11.6	DC: Beispiel VI	85
4.11.7	DC: Beispiel VII	86
4.11.8	DC: Beispiel VIII	87
5	**Gaschromatographie (GC)**	**89**
5.1	GC: Einführung und Übersicht	90
5.2	GC: Proben und Probeeinlass	92
5.3	GC: Mobile Phase (Gase)	94
5.4	GC: Stationäre Phase (Säulen)	96
5.5	GC: Detektoren	98
5.6	GC und Massenspektrometrie	100
5.7	GC: Methodenentwicklung	102
5.8	GC: Wartung und Qualifizierung	104
5.9	GC: Fehlersuche	106
5.10	GC: Beispiel für SOP	108
5.11	GC: Arbeitsschritte in der Praxis	111
5.12	C: Software ChemStation	112
5.13	GC: Anwendungsbeispiele	122
5.13.1	GC: Beispiel I	122
5.13.2	GC: Beispiel II	123
5.13.3	GC: Beispiel III	124
5.13.4	GC: Beispiel IV	125
5.13.5	GC: Beispiel V	126
5.13.6	GC: Beispiel VI	127
5.13.7	GC: Beispiel VII	128
6	**Hochdruck-Flüssigkeitschromatographie (HPLC)**	**129**
6.1	HPLC: Einführung und Geräte	130
6.2	HPLC: Detektoren	134
6.3	HPLC: Mobile Phasen	136
6.4	HPLC: Elutrope Reihe	137
6.5	HPLC: Stationäre Phase (Säulen)	140
6.5.1	HPLC: Säulenübersicht (USP L)	144
6.6	HPLC: Methodenentwicklung	154
6.7	HPLC: Qualifizierung	158
6.8	HPLC: Fehlersuche	160

6.9 HPLC: Beispiel für SOP 164
6.10 HPLC: Arbeitsschritte in der Praxis – Software Chromeleon 167
6.11 HPLC: Anwendungsbeispiele 177
6.11.1 HPLC: Beispiel I 177
6.11.2 HPLC: Beispiel II 178
6.11.3 HPLC: Beispiel III 179
6.11.4 HPLC: Beispiel IV 180
6.11.5 HPLC: Beispiel V 181
6.11.6 HPLC: Beispiel VI 182
6.11.7 HPLC: Beispiel VII 183

7 Festphasenextraktion (SPE) 185
7.1 SPE: Einführung und Übersicht 186

8 Chromatographische Spezialverfahren 191
8.1 Ionenchromatographie 192
8.2 Kapillarelektrophorese (CE) 197
8.2.1 CE: Einführung und Überblick 197
8.2.2 CE: Geräte 198
8.2.3 CE: Methoden 200

9 Labortechnik 201
9.1 Sicherheitshinweise und Gefahrensymbole 202
9.2 Sicherheit im Umgang mit Gasen 204
9.3 Waagen, pH-Messgeräte, Ultraschallbäder 206
9.4 Chemikalien und Volumenmessung 208
9.5 Pipettieren 210

Anhang A Chromatographie im Internet (Links) 215
A1 Grundlagen Chromatographie – Wissen – Linksammlungen 216
A2 Lieferanten Laborbedarf – Waagen – Ultraschall 218
A3 DC-/GC-/HPLC-Applikationen 219
A4 Qualitätssicherung/Kurse/Pharmazie 220

Anhang B Adressen 221
B1 Deutschland 222
B2 Österreich 225
B3 Schweiz 228

Anhang C Chemikalien fürs Chromatographielabor 231

Anhang D Abkürzungen 235

Anhang E Tabellen 241

Literatur *245*

Stichwortverzeichnis *247*

Periodensystem der Elemente *251*

1
Grundlagen der Chromatographie

1.1
Einführung

Chromatographie ist eine Analysentechnik, die mit Hilfe von Wechselwirkungen eine Auftrennung von komplexen Proben ermöglicht. Um einem Laien zu erklären, worum es dabei geht, bietet sich ein kleines Experiment mit wasserlöslichen Farbfilzstiften an.

Dabei werden auf einem rechteckig zugeschnittenen Filterpapier Punkte mit verschiedenen Farben gezeichnet. Anschließend wird das Filterpapier mit dem unteren Ende in Wasser eingetaucht. Durch die Kapillarwirkung des Papiers werden die Farbpunkte nach oben mitgezogen, dabei erfolgt eine Auftrennung in die verschiedenen Farben, die in einem Filzschreiber enthalten sind (Abb. 1.1 c).

Eine kurze Geschichte (Abb. 1.1 b)
Die Erfindung der Chromatographie wird Michail Semjonowitsch Tswett (1872–1919) zugeschrieben. Er beschrieb als erster die Auftrennung eines Chlorophyll-Extrakts in einer mit Inulin (ein Kohlenhydrat) gefüllten Glassäule und nannte diese Methode Farbschreibung oder Chromatographie.

Erst 30 Jahre später wurde diese Methode weiter verfolgt. Theoretische Grundlagen und chromatographische Kenngrößen wurden erarbeitet sowie der erste Gaschromatograph entwickelt. 1965 entstand das Standardwerk für Dünnschichtchromatographie von Stahl.

In den 1970er Jahren wurde aus der offenen Säulenchromatographie die Hochdruckflüssigkeitschromatographie entwickelt. Die Säulenmaterialen konnten dadurch auf 10 µm verkleinert werden, was die Trennleistung verbesserte. Eine weiter wesentliche Verbesserung brachte der Einsatz von Reverse-Phase-Säulen. Jetzt konnten auch Stoffe mit sehr ähnlichen Eigenschaften aufgetrennt werden.

Der Einsatz des Massenspektrometers als Detektor und Hochleistungscomputer zur Steuerung und Auswertung der Detektordaten (3D) eröffnet neue Möglichkeiten für die Chromatographie.

Was ist Chromatographie?
Chromatographie ist ein Verfahren, bei dem Stoffgemische durch eine unterschiedliche Verteilung in zwei miteinander nicht mischbaren Phasen aufgetrennt werden (Abb. 1.1 a).

Dabei ist eine Phase stationär (Feststoff oder Flüssigkeit), die andere Phase mobil (Gas oder Flüssigkeit).

Nach Beschaffenheit der mobilen oder stationären Phase unterscheidet man zwischen Papier- oder Dünnschichtchromatographie DC, Gaschromatographie GC, Säulenchromatographie LC und Hochdruckchromatographie HPLC.

Spezialgebiete sind noch Ionenchromatographie IC, präparative LC, superkritische Fluidchromatographie SFC, Gelpermeations-Chromatographie GPC/SEC. Manchmal wird auch die Elektrophorese zu den chromatographischen Analysetechniken gerechnet.

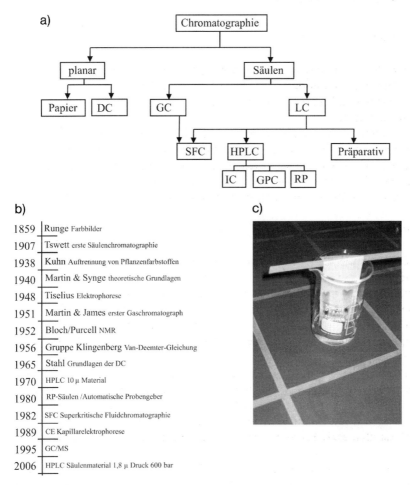

Abb. 1.1 Einführung in die Chromatographie:
a) Methodenübersicht, b) Überblick über die historische Entwicklung,
c) Auftrennung von Faserstiftfarben auf Filterpapier mit Methanol.

1 Grundlagen der Chromatographie

Die wichtigsten Voraussetzungen für die Chromatographie sind: Feststoffe müssen löslich und Flüssigkeiten sollten unzersetzt verdampfbar sein.

Papierchromatographie und Dünnschichtchromatographie DC (TC)

Die gelöste Probe wird auf eine stationäre Phase (Papier oder Platte) punktförmig aufgetragen.

Die stationäre Phase besteht dabei aus Cellulose (Papierchromatographie) oder einer beschichteten Glasplatte oder Folie (DC).

Die mobile Phase (Wasser und/oder organisches Lösungsmittel) wird durch die Kapillarwirkung nach oben gezogen und es erfolgt dabei eine Auftrennung des Startpunkts in verschiedene Punkte des Substanzgemisches (Abb. 1.2).

Gaschromatographie GC

Bei der Gaschromatographie wird die gelöste oder flüssige Probe in einen Heizblock injiziert, verdampft auf eine Glas- oder Kapillarsäule aufgebracht. In dieser Säule (stationäre Phase) befindet sich eine Trägersubstanz mit Flüssigkeit oder ein dünner Flüssigkeitsfilm.

Als mobile Phase wird ein Gas (Wasserstoff, Stickstoff) durchgeleitet. Durch die unterschiedliche Verteilung werden die Substanzkomponenten getrennt. Ein Temperaturprogramm unterstützt dabei die Auftrennung. Am Ende der Säule wird der Gasstrom detektiert und in elektronische Signale umgewandelt (Abb. 1.3).

Säulenchromatographie LC

Die Säulenchromatographie hat als stationäre Phase ein poröses Material (z. B. Silicagel), das in einem Lösungsmittel aufgeschlämmt ist (Slurry).

Die Probe wird in möglichst konzentrierter aber flüssiger Form am oberen Ende aufgetragen, durch ständiges Nachgeben einer mobilen Phase nach unten befördert und dabei aufgetrennt. Die getrennten Schichten können am unteren Säulenende fraktioniert abgenommen und weiter bearbeitet werden. Diese Methode ist sowohl für analytische als auch für präparative Anwendung brauchbar.

High Pressure Liquid Chromatographie HPLC

Die Hochdruck-Flüssigkeitschromatographie hat sich aus der Säulenchromatographie entwickelt. Da die Auftrennung von Substanzen auch von der Teilchengröße des Säulenmaterials abhängt, wurden Teilchengrößen unter 10 µm notwendig. Dadurch wird jedoch ein höherer Druck benötigt, um die mobile Phase durch die Säule zu bewegen.

Bei der modernen HPLC befindet sich die stationäre Phase in einer Stahlsäule. Die mobile Phase wird durch eine Hochdruckpumpe (bis 600 bar) bewegt und die gelöste oder flüssige Probe wird durch einen automatischen Probengeber in Mikrolitermengen aufgetragen.

Ein Detektor zeichnet am Ende der Säule das aufgetrennte Substanzgemisch auf (Abb. 1.4).

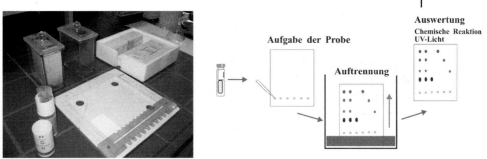

Abb. 1.2 Dünnschichtchromatographie: schematisch (rechts), Anlage im Labor (links).

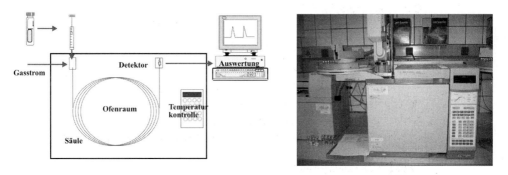

Abb. 1.3 Gaschromatographie: schematisch (links), Anlage im Labor (rechts).

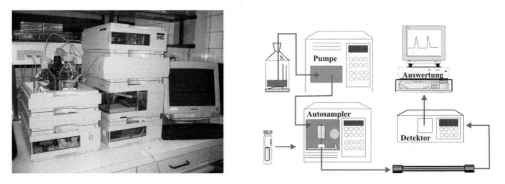

Abb. 1.4 Hochdruck-Flüssigkeitschromatographie: schematisch (rechts), Anlage im Labor (links).

1.2 Trennmechanismen

Welche Mechanismen ermöglichen eine Auftrennung?
In der Praxis sind immer mehrere Mechanismen für eine Trennung verantwortlich.

Die gängige Reverse Phase (Umkehrphase) kann der Adsorptions- oder auch der Verteilungschromatographie zugeordnet werden.

Molekülgröße
An porösen Oberflächen werden kleine Moleküle mehr zurückgehalten als große. Auch die Molekülform verändert die Wanderungsgeschwindigkeit (Gelfiltrationschromatographie, Abb. 1.5).

Adsorption
Adsorption ist die Anlagerung eines Stoffes an einen anderen. Dabei findet keine chemische Bindung statt. Wie groß die Affinität dabei zur mobilen Phase und zur stationären Phase ist, entscheidet über die Auftrennung (Adsorptionschromatographie, Abb. 1.6).

Verteilung
Dabei spielt die Löslichkeit in zwei miteinander nicht mischbaren Flüssigkeiten (oder einem Gas und einer Flüssigkeit) eine Rolle (Verteilungschromatographie, Abb. 1.7).

Ionenaustausch
An der stationären Phase sind chemische Gruppen gebunden, die entgegengesetzt geladene Teilchen der Probe binden. Ungeladene oder gleichgeladene Teilchen wandern schneller durch die stationäre Phase (Kationen- bzw. Anionenaustauschchromatographie, Abb. 1.8).

Affinität
Die Wechselwirkung von stationärer und mobiler Phase bewirkt eine Auftrennung (Affinitätschromatographie).

Dieser Spezialfall wird z. B. bei biochemischen Auftrennungen benützt (Antigen-Antikörper, Enzym-Inhibitor, Hormon-Träger Abb. 1.9).

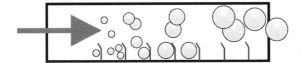

Abb. 1.5 Prinzip der Gelfiltrationschromatographie.

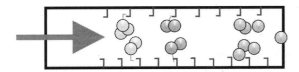

Abb. 1.6 Prinzip der Adsorptionschromatographie.

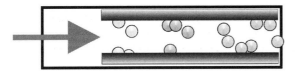

Abb. 1.7 Prinzip der Verteilungschromatographie.

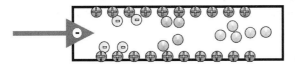

Abb. 1.8 Prinzip der Ionenaustauschchromatographie.

Abb. 1.9 Prinzip der Affinitätschromatographie.

1.3
Die Van-Deemter-Gleichung

Weitere Parameter, die auf den chromatographischen Prozess Einfluss nehmen, werden durch die Van-Deemter-Gleichung beschrieben (Abb. 1.10).

$$H = A + \frac{B}{u} + C \cdot u$$

H = Bodenhöhe
Die Bodenhöhe ergibt sich aus der Anzahl der theoretischen Böden N und der Länge L einer Säule.

$$H = \frac{N}{L} \qquad H = \frac{L}{N}$$

u = **Fließgeschwindigkeit** der mobilen Phase

A = Eddy Diffusion
Die Eddy Diffusion beschreibt den Einfluss des Säulenmaterials auf die Peakbreite: Die Probemoleküle legen verschieden lange Wege um die Teile der stationären Phase herum zurück. A ist unabhängig vom Fluss, hängt aber mit der Unregelmäßigkeit der Korndurchmesser zusammen (Abb. 1.11).

B = Längendiffusion
Diese Diffusion entsteht durch die Länge der Säule und das Konzentrationsgefälle vom Einspritzen bis zum Säulenende. Eine schnelle mobile Phase verbessert diesen Wert da die Verweildauer in der Säule dadurch kürzer wird (Abb. 1.12).

C = Stoffaustausch
Dieser Wert beschreibt die eigentlichen chromatographischen Prozesse. Die Wechselwirkung zwischen mobiler und stationärer Phase. Da die Wechselwirkung eine bestimmte Zeit dauert wird dieser Wert, durch einen geringen Fluss verbessert, die Längendiffusion jedoch verschlechtert.

Da alle Parameter u, A, B, C die Güte der chromatographischen Trennung beeinflussen, muss die Fließgeschwindigkeit so gewählt werden, dass eine möglichst große Bodenhöhe H eine optimale Chromatographie ermöglicht.

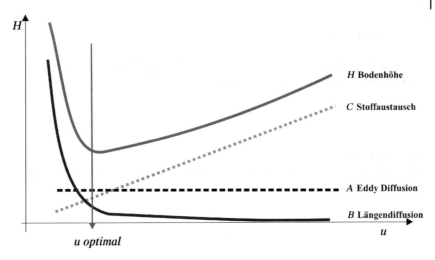

Abb. 1.10 Parameter in der Van-Deemter-Gleichung.

A: Eddy Diffusion

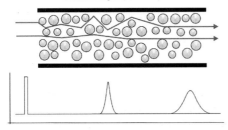

Abb. 1.11 Eddy Diffusion A.

B: Längendiffusion

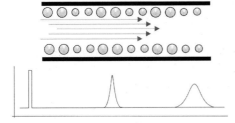

Abb. 1.12 Längendiffusion B.

2
Grundbegriffe der Qualitätssicherung

2.1
Qualitätssicherung

Ein funktionierendes Qualitätssicherungssystem ist unumgänglich, um zuverlässige Analysendaten und ein sicheres Produkt von gleichbleibender Qualität zu erhalten. Letztendlich wird es zum Schutz der Bevölkerung auch von verschiedenen Behörden gefordert. Die wichtigsten Begriffe in diesem Kontext sind Qualität, ISO, ISO 9000, ISO 9001, Zertifizierung, Norm, EN 45001, GMP, GLP, FDA, ICH, 21 CFR Part11, SOP.

Abbildung 2.1 gibt eine allgemeine Übersicht, Abbildung 2.2 zeigt Details.

Was versteht man unter Qualität?
Der Begriff Qualität hat sich im täglichen Sprachgebrauch als allgemeiner Wertmaßstab für die Beschaffenheit eines Produkts oder Dienstleistung etabliert. Im technischen Sinn versteht man darunter auch alle Tätigkeiten im Herstellungsprozess und das gesamte Umfeld. Erst durch ein qualitätsgesichertes Arbeiten, Räumlichkeiten und Werkzeuge entsteht auch ein Qualitätsprodukt. Ein Qualitätsmanagementsystem (Total Quality Management) erstreckt sich heute über ein ganzes Unternehmen.

ISO International Organisation for Standardisation
Diese Organisation wurde 1946 in Genf gegründet mit dem Ziel, einheitliche internationale Standards zu schaffen, um die zwischenstaatliche wirtschaftliche und technische Zusammenarbeit zu erleichtern. Die geschaffenen Normen, Regeln und Leitlinien, basierend auf Ergebnissen von Wissenschaft, Technik und Erfahrung, werden von den Mitgliedstaaten ins nationale Recht übernommen.

Ein besondere Bedeutung kommt derzeit der Zertifizierung nach ISO 9001 zu. Dabei werden die gesamten Abläufe innerhalb eines Unternehmens festgelegt und die Übereinstimmung mit den gültigen Normen untersucht. Eine unabhängige akkreditierte Zertifizierungsgesellschaft überprüft und bestätigt dies unparteiisch.

Europäische Norm EN 45000 + EN 45001
Dies ist die EU-Norm über den Betrieb von Prüflaboratorien (Akkreditierungsgrundlagen).

GMP Good Manufacturing Practice
Dieses QS-System gilt für den pharmazeutischen Bereich. Die Regeln sind ähnlich der GLP (Good Laboratory Practice), aber GMP bezieht sich mehr auf die Räumlichkeiten und Ausstattung der Produktionsräume. Part I ist wie folgt gegliedert:

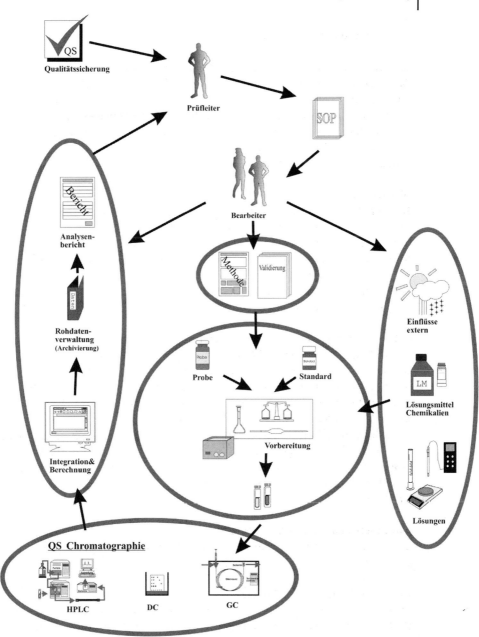

Abb. 2.1 Faktoren der Qualitätssicherung und ihre Wechselbeziehungen.

Kap1 Qualitätsmangment
Kap2 Personal
Kap3 Räume und Einrichtungen
Kap4 Dokumentation
Kap5 Herstellung
Kap6 Prüfung
Kap7 Herstellung und Prüfung im Auftrag
Kap8 Beschwerden und Produktrückrufe
Kap9 Selbstinspektion
Glossar

Besonders für chromatographische Arbeiten sind die Annexe 11 (Computergestützte Systeme) und 15 (Qualifizierung und Validierung) sowie **Part II** (Wirkstoffe) herauszuheben.

Eigeninspektion – Inspektion

Jede Prüfung wird durch einen detaillierten Prüfplan geregelt. Der Prüfleiter genehmigt den Prüfplan durch seine Unterschrift, die QS-Abteilung überprüft auf GLP-Konformität. Alle Rohdaten werden als Originale archiviert. Jede Inspektion wird durch einen Abschlussbericht beendet. In diesem sind alle Abweichungen festgehalten. Eine Checkliste sollte die Vorbereitung und Durchführung einer Inspektion begleiten.

Wer kontrolliert GLP?

Je nach Zuständigkeit ist für die Einhaltung der Verwaltungsvorschrift GLP das jeweilige Bundesministerium (Pharma: Gesundheitsministerium, Pflanzenschutzmittel: Landwirtschaftsministerium) zuständig.

Die amtlichen Inspektionen werden durch Inspektionsteams durchgeführt.

FDA-21 CFR Part 11 – Electronic Records, Electronic Signature

In dieser Richtlinie werden die Bedingungen für elektronische Datenverwaltung und elektronische Unterschriften geregelt, wie sie von Behörden wie auf Papier anerkannt werden.

Die vorherige Beratung mit den Behörden über die Einreichform und Übertragungsform ist wichtig. Die Unterschrift wird durch biometrische Identifizierung oder durch ID und Passwort geleistet. Die Computersysteme müssen abgesichert sein (Zugang nur durch Administrator). Jede Änderung von Daten muss zuverlässig nachvollziehbar sein.

ICH International Conference on Harmonisation of Technical Requirements for Registration of Pharmaceuticals for Human Use

Hier werden Arzneimittel nach Zulassungen in Europa, USA und Japan beurteilt. Richtlinien werden herausgeben, die die Qualität, Wirksamkeit und Unbedenklichkeit sichern. Dazu gehören auch klinische Studien (Good Clinical Practice Guidelines, GCP), qualitätsgesicherte Herstellvorschriften (Good Manufactring Practice Guidelines GMP) sowie die Terminologie in der Medizin (MedDRA).

FDA Food und Drug Administration (USA)
In den Vereinigten Staaten ist die Zulassungsbehörde FDA für die Unbedenklichkeit und die Wirksamkeit der Produkte zuständig. Die von der FDA 1978 veröffentlichte Richtline GLP ist inzwischen auch in ganz Europa als Norm gültig.

GLP Gute Laborpraxis (Good Laboratory Practice)
GLP regelt die Organisation und die Bedingungen, unter denen Analysen durchgeführt werden.

Experimentelle Arbeit, die GLP-konform durchgeführt wurde, erkennt man daran, dass man noch nach 5 Jahren problemlos feststellen kann, warum, wie und von wem die Arbeit durchgeführt wurde, wer die Gesamt-Verantwortung hatte, welches Gerät eingesetzt wurde, welche Ergebnisse erarbeitet wurden, ob es Probleme gab und wie sie gelöst wurden.

Fazit: Alle Arbeitsschritte müssen exakt und dauerhaft dokumentiert werden!

Gute Laborpraxis im Überblick
In der GLP Richtlinie wird eine Organisation gefordert, die durch Eigeninspektion und Inspektion die Qualitätskriterien sicher stellt.

Organisation der Qualitätssicherung, Räumlichkeiten, Geräte, Personal, Proben- und Standardverwaltung sowie Archivierung werden durch Überprüfungen gesichert.

Qualitätssicherung
Wesentlich für GLP ist das Einrichten einer unabhängigen Qualitätssicherungsabteilung (QS) die mit der analytischen Untersuchung nichts zu tun hat. Diese muss für alle für eine qualitätsgesicherte Arbeit notwendigen Parameter sorgen (genügend Mitarbeiter mit entsprechender Qualifikation, moderne Labors, geprüfte Chemikalien, Geräte usw.).

Außerdem bestellt die QS-Leitung einen Prüfleiter, der die fachliche Qualifikation besitzt. Selbstinspektion und Inspektionsleitung gehören ebenfalls zur Aufgabe wie auch die Bearbeitung von Abweichungen oder die Kontrolle der Zulieferer.

Auch das Prüfsystem selbst sollte Teil der Überprüfung sein!

Proben, Standards, Archiv
Gibt es eigene Bereiche für Probeneingang, Referenzsubstanzen usw., um Verwechslungen zu vermeiden? Ist zur Archivierung von Rückmustern Raum (vielleicht sogar Kühlraum) vorhanden? Wie stabil ist Probe und Standard? Welches Verfallsdatum haben Chemikalien und Reagenzien? Gibt es Arbeitsanweisungen zum Umgang mit Geräten? Gibt es Logbücher? Welche Maßnahmen werden bei Überschreiten von Toleranzen gesetzt?

Sind genügend Räumlichkeiten für die Archivierung der Aufzeichnungen vorhanden?

Sind diese geschützt vor Datenverlust, Unbefugten, Wasser, Feuer?

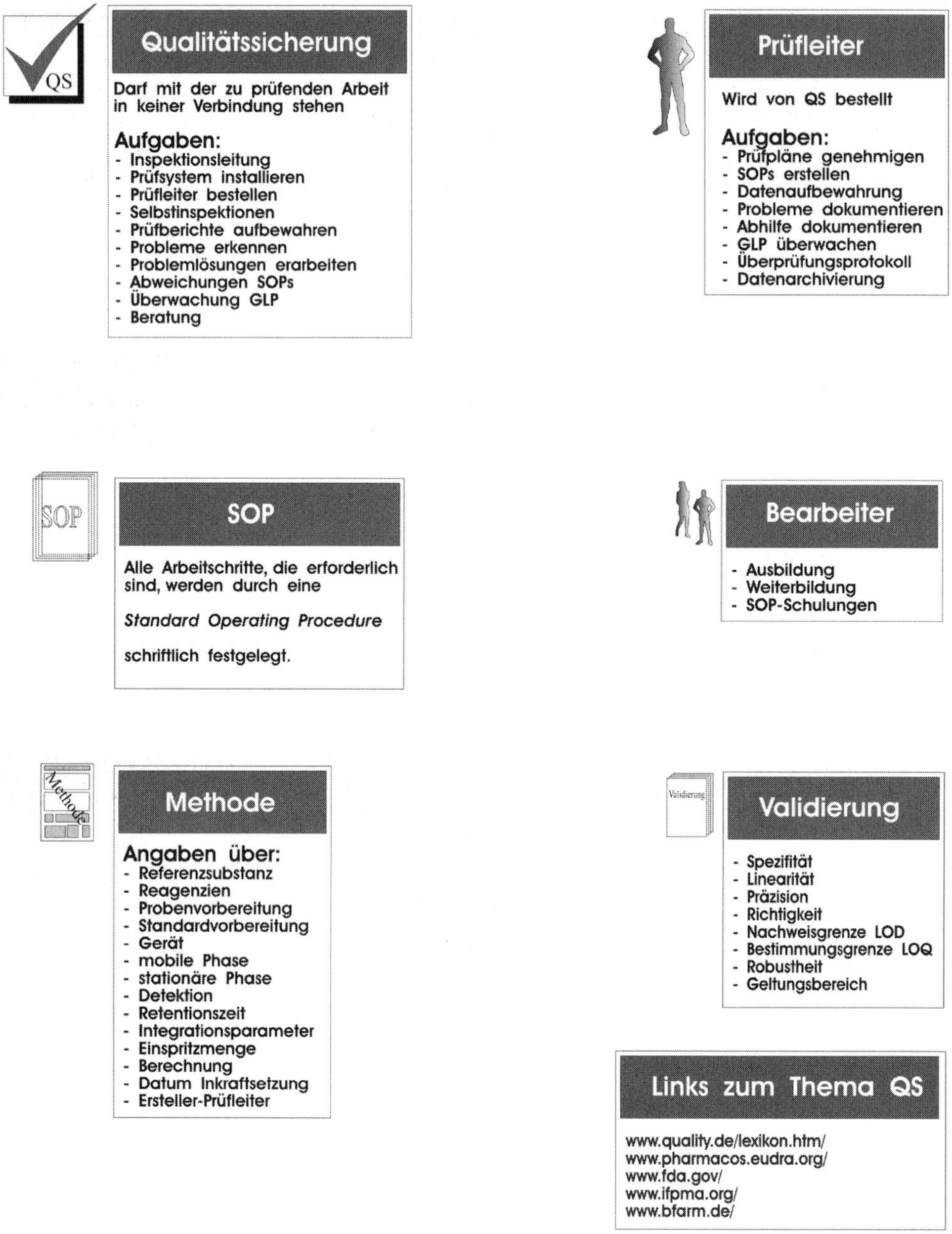

2 Grundbegriffe der Qualitätssicherung

Qualitätssicherung

Darf mit der zu prüfenden Arbeit in keiner Verbindung stehen

Aufgaben:
- Inspektionsleitung
- Prüfsystem installieren
- Prüfleiter bestellen
- Selbstinspektionen
- Prüfberichte aufbewahren
- Probleme erkennen
- Problemlösungen erarbeiten
- Abweichungen SOPs
- Überwachung GLP
- Beratung

Prüfleiter

Wird von QS bestellt

Aufgaben:
- Prüfpläne genehmigen
- SOPs erstellen
- Datenaufbewahrung
- Probleme dokumentieren
- Abhilfe dokumentieren
- GLP überwachen
- Überprüfungsprotokoll
- Datenarchivierung

SOP

Alle Arbeitschritte, die erforderlich sind, werden durch eine

Standard Operating Procedure

schriftlich festgelegt.

Bearbeiter

- Ausbildung
- Weiterbildung
- SOP-Schulungen

Methode

Angaben über:
- Referenzsubstanz
- Reagenzien
- Probenvorbereitung
- Standardvorbereitung
- Gerät
- mobile Phase
- stationäre Phase
- Detektion
- Retentionszeit
- Integrationsparameter
- Einspritzmenge
- Berechnung
- Datum Inkraftsetzung
- Ersteller-Prüfleiter

Validierung

- Spezifität
- Linearität
- Präzision
- Richtigkeit
- Nachweisgrenze LOD
- Bestimmungsgrenze LOQ
- Robustheit
- Geltungsbereich

Links zum Thema QS

www.quality.de/lexikon.htm/
www.pharmacos.eudra.org/
www.fda.gov/
www.ifpma.org/
www.bfarm.de/

Abb. 2.2 Faktoren der Qualitätssicherung – Details.

2.1 Qualitätssicherung

Standard
- Bezeichnung
- Hersteller
- Reinheit
- Letztes Analysedatum
- Nächste Analyse
- Stabilität
- Lagerbedingungen
- Sicherheitshinweise

Probe
- Homogenität
- Löslichkeit
- Untersuchungsmenge
- Stabilität
- Beschriftung
- Probeninfo
- Repräsentativer Probenzug

Proben-Vorbereitung
- Pipettengenauigkeit
- Waagenkalibrierung
- Lösung vollständig
- Extraktion reproduzierbar
- Lösung stabil
- Beschriftung unverwechselbar

Integration & Berechnung
- Rohdaten
- Integrationsparameter
- Standardgehalt
- Linearität
- Berechnungsmodus
- Wahrer Wert
- Soll Wert
- Ist Wert
- Variationskoeffizient
- Auflösung
- Tailing

Rohdaten Verwaltung
- Originale nicht ändern
- Sichere Aufbewahrung (Feuermelder)
- Kennwortschutz
- elektronische Signatur bis zu 30 Jahre
- Griffbereit
- CFR21

Analysenbericht
- Ziel einer jeden Analyse

Extern
- Kühlschrankkontrolle
- Geschirrspülerfunktion
- Raumtemperatur
- Kontaminationsgefahr

Lösungsmittel Chemikalien
- Bestellinfo
- Firma
- Reinheit
- Haltbarkeit
- Öffnungsdatum
- Verfallsdatum
- Lagerbedingungen
- Kartuschenwechsel bei Reinstwasseranlagen

Lösungen
- Oberschalige Waagen kalibrieren
- pH-Meter Kontrolle
- Mischgenauigkeit

Abb. 2.2 (Fortsetzung)

2.2
SOP Standard Operating Procedures

Was sind SOPs? (Standard Operating Procedures)
Genaue Anleitungen zu Tätigkeiten im Labor, die von fachkundigem (nicht speziell geschultem) Personal ausgeführt werden können. SOPs sind verbindlich, können jedoch revidiert und dem aktuellen Stand angepasst werden.

Arbeitsanweisungen regeln praktisch die gesamte Tätigkeit und das gesamte Umfeld in einem Labor.

Alle SOPs werden in Landessprache abgefasst!

Aufbau eins SOP-Systems
Der Aufbau eines SOP-Systems durch die Qualitätssicherungsabteilung erfordert eine lückenlose, fälschungssichere Dokumentation aller Schritte, die zur Erstellung, Verteilung, Änderung und Abweichung erforderlich sind.

Die erste SOP regelt daher die Vorgehensweisen mit SOPs selbst.

Welche Bezeichnungen werden verwendet?
Ein Kurzzeichencode (z. B. QS) und eine Nummer sowie eine Versionsnummer für Abänderungen sind festzulegen. Wichtig ist auch das Datum der Inkraftsetzung und Änderung sodass immer geklärt ist, wann welche Vorschrift gültig war.

Wer ist für die den Inhalt verantwortlich?
Die Arbeitsanweisungen werden vom fachlich zuständigen Prüfleiter erstellt. Um eine hohe Akzeptanz für die neue Arbeitsweise zu erhalten (immerhin wird eine alte, liebgewonnene geändert) ist es ratsam, die betroffenen Bearbeiter bei der Erstellung einzubinden. Die QS-Abteilung überprüft anschließend auf GLP-Konformität und veranlasst die Inkraftsetzung.

Wie werden die SOPs zur Kenntnis gebracht?
Die SOP wird dem betreffenden Personenkreis übergeben. Nachweislich werden in halbjährlichen Intervallen Schulungen durchgeführt, um zu gewährleisten, dass die Vorschriften auch verstanden und *gelebt* werden. Dieselbe Vorgangsweise ist bei Abänderung der SOP notwendig.

Die gedruckten SOPs müssen für die Bearbeiter jederzeit *in Landessprache* zur Verfügung stehen, dass heißt am Arbeitsplatz in einem Ordner griffbereit.

Wie wird mit Abweichungen von der SOP umgegangen?
Die vielfältigen Anforderungen einer analytischen Arbeit machen es oft sinnvoll, von einer allgemeinen Arbeitsvorschrift abzuweichen. Dies ist möglich! Wichtig dabei ist, dass die Abweichungen ausführlich dokumentiert und begründet werden. Prüfleiter und QS sind hierbei natürlich eingebunden. Anhaltende Abweichungen können bei Bedarf auch zur Änderung der SOP selbst führen.

Fazit: Alle Vorgänge müssen dokumentiert werden. Es kann gar nicht genug Listen und Unterschriften sowie Double Checks (2. Unterschrift) geben. Viel Papier für viel Qualität!

Spezifische SOPs für Laborarbeit

Welche Themen in einem Labor durch Arbeitsvorschriften geregelt werden, zeigt die Gesamtübersicht QS. Es folgen ein paar Hinweise im Einzelnen.

SOP Bearbeiter

Eine SOP für die Bearbeiter regelt Fragen der Aus- und Weiterbildung. Auch Hygiene und Gesundheitsvorschriften werden, zum Beispiel durch halbjährliche Untersuchungen, damit umgesetzt. Vor allem der interne und externe Schulungsnachweis wird von Inspektoren gerne eingesehen (schon wieder eine Liste!).

SOP Methodenerstellung, Validierung

Wer erstellt neue Methoden? Wer validiert die Methode? Ist die Methode als validiert anzusehen? Wie wird sicher gestellt, dass nach der gültigen Methode gearbeitet wird? Wie werden Abweichungen dokumentiert? Abänderungsdatum und Inkraftsetzungsdatum müssen auch hier nachweisen, welche Methode wann gültig war.

Wer erstellt den Validierungsplan und welche Experimente für Spezifität, Linearität usw. sind dafür notwendig? Genauer wird dieser Themenkreis im Kapitel 2.4 behandelt.

SOP Proben

Der Probenverwaltung kommt eine wichtige Rolle in der Qualitätskontrolle zu, denn was hilft es, wenn die richtige Analyse an der falschen Probe durchgeführt wird? Barcode und unverwechselbare Beschriftung sind bei einer großen Probenanzahl unumgänglich. Auch Ordnung und Sauberkeit sind fixe Bestandteile. Die Rückmusterhaltung (Kühlraum) ist zur Nachvollziehbarkeit von Reklamationen genau zu regeln.

SOP Standard-Referenzsubstanzen

Die Standards sind mit Name, Hersteller, Nummer und Gehalt zu beschriften. Ein Ablaufdatum lässt erkennen, wann ein neuer Standard angeschafft oder der alte nachuntersucht wird.

SOP Allgemeine Geräte

Allgemeine Geräte in einem chromatographischen Labor sind Pipetten, Kühlschränke, Waagen, pH-Meter und Chemikalien – alles, was zur Probenvorbereitung notwendig ist.

Für alle Geräte ist eine Kurzanleitung zu verfassen, die in verständlicher Form die Bedienung beschreibt und die tägliche Arbeit und Kalibrierung ermöglicht.

SOP Chemikalien
Welche Qualität wird verwendet? Welches Ablaufdatum haben die Reagenzien? Eingangskontrolle der Waren und Aufkleber mit Eingangsdatum, Öffnungsdatum und Ablaufdatum.

SOP Volumenmessung, Pipetten
Während Glaspipetten bereits geeicht gekauft werden können, werden Pipettiergeräte (Eppendorf) halbjährlich einer Kalibrierung unterzogen. Dabei wird 6-mal Wasser in ein Gefäß pipettiert und auf der Analysewaage gewogen. Unter Berücksichtigung der gemessenen Temperatur kann die Abweichung der Pipette bestimmt werden. Sollbereich, Warnbereich und Aktionsbreich werden festgelegt und bestimmen die weitere Vorgehensweise. Auch die richtige Arbeitsweise mit der entsprechenden Pipette ist laufend zu üben.

SOP Kühlschrank
Gekühlte Poben, Lösungen, Referenzsubstanzen sind ein Bestandteil der Analytik. Die Funktion der Kühlung wird täglich automatisch oder manuell überprüft und in eine Tabelle eingetragen. Im Abweichungsfall kann so noch rechtzeitig ein Techniker eingreifen oder der Kühlschrank getauscht werden.

SOP Waage
Eine einfache Benutzeranleitung und die Kontrolle der Waage durch das Auflegen von Prüfgewichten ist täglich durchzuführen und zu dokumentieren. Auch hier ist je nach Waagentyp die Abweichung festzulegen und die Aktionsgrenzen zu setzen. Sollte eine Waage defekt sein, müssen die letzten Analysen stichprobenartig nachanalysiert werden, um die Auswirkung des Fehlers auf die letzten Analysen beurteilen zu können. Alle zwei Jahre wird eine Nacheichung durch die Behörde durchgeführt.

SOP pH-Meter
Kurzanleitung, Logbuch und tägliche Kalibrierung durch Messen von zwei pH-Eichlösungen (ph4 und pH7) sind hier festgeschrieben.

SOP Elektronische Datenverwaltung
Bei der elektronischen Datenverwaltung ist eine verlässliche Sicherung mit mehreren Servern zu erreichen. Das vierteljährliche Wechseln der Passwörter sowie die räumliche Zugangskontrolle sichern die Rohdaten weiter ab. Wer wann wo welche Daten erzeugt oder geändert hat, muss noch nach Jahrzehnten nachvollziehbar sein. Die unterschiedlichen Zugangsberechtigungen und Zugangsbereiche dienen ebenfalls der Sicherheit. Die verwendeten Standardsoftware wie Word oder Excel sind zwar als valide anzusehen, die Richtigkeit der Formeln und Rechenergebnisse muss aber halbjährlich durch Standardrechnungen belegt werden.

SOP Analyseberichte
Wie gelangt das Ergebnis zum Auftrageber? Wie wird eine Freigabe durchgeführt? Werden die Ergebnisse einem Double Check unterzogen?

Werden die Originaldaten bis zu 30 Jahre archiviert und vor Feuer und Wasser geschützt?

Hier soll auch darauf hingewiesen werden, dass GLP-konformes Arbeiten die Verwendung von Bleistiften und Radiergummis sowie Tipp-Ex nicht erlaubt. Leserliches Durchstreichen mit Kurzzeichen und Datum ist als Korrektur erlaubt. Ein Double Check (Vier-Augen-Prinzip) ist bei allen Dokumentationsschritten vorgeschrieben.

SOPs für die spezifischen Bereiche von DC, GC und HPLC werden in den zugehörigen Kapiteln beschrieben.

2.3
Validierung

Eine fertige Methode muss, um stabile wiederholbare Analysenergebnisse zu gewährleisten, in folgenden Punkten überprüft (validiert) werden (Abb. 2.3); einen Überblick gibt Tabelle 2.1.

Voraussetzungen
- Methode muss mit allen Details schriftlich vorliegen und dem Stand der Technik entsprechen
- Vorinformation durch einen ausführlichen Entwicklungsbericht ist vorhanden
- Validierungsplan der Experimente, Berechnung und Bewertung ist vorbereitet
- Zusammenfassung, liefert mit statistischer Auswertung einen Überblick über die gewonnenen Daten und die Eignung der Methode

Selektivität/Spezifität
Wird die Analyse durch Verunreinigung oder andere Störeinflüsse beeinflusst?
Maßnahmen: Messung durch andere Prüfmethode, Zutest von bekannten Verunreinigungen oder Vorstufen, Stresstest durch Licht, Temperatur, Sauerstoff, Säure/Base usw.
Aussagen aus: Chromatogramm, Blindwert, Retentionszeit, Auflösung, Tailingfaktor

Richtigkeit
Die Richtigkeit ist ein Maß für das Verhältnis des gefundenen Werts zum Referenzwert (wahrer Wert).

Als wahre Werte gelten:
- Werte aus einer unabhängigen Analysenmethode
- Placebomuster mit zugesetztem Analyten
- Muster mit zugesetztem Analyten (Aufstockung)
- Werte aus alter validierter Methode

Aussagen aus: zweiter Prüfmethode, die sich nicht signifikant unterscheidet (F-Test und t-Test, $P = 95\,\%$)

Präzision (Wiederholbarkeit)
Wie weit ist eine Übereinstimmung bei gleicher Probe und wiederholter Probenaufbereitung vorhanden?
Aussagen aus: 10 Analysen der Probe, Mittelwert, Standardabweichung, Variationskoeffizient, Vertrauensbereich, Konfidenzintervall (Abb. 2.4)

Reproduzierbarkeit (Laborpräzision)
Übereinstimmung von Testergebnissen bei anderen Bedingungen (anderer Tag, Bearbeiter, Gerät, stationäre Phase) mit der Vergleichsanalyse
Aussagen aus: 10 Analysen der Probe, Mittelwert, Standardabweichung, Variationskoeffizient, Vertrauensbereich, Konfidenzintervall, F-Test, t-Test

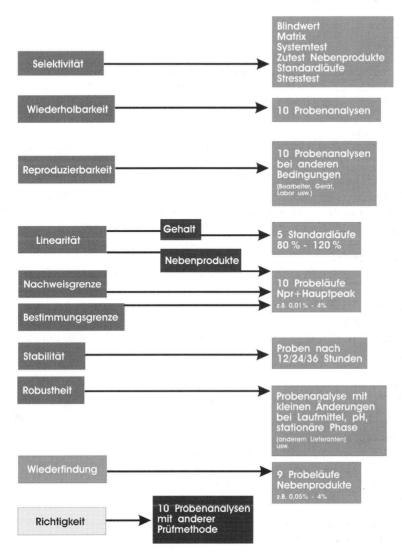

Abb. 2.3 Struktur einer Validierung.

Linearität
Muss über den Geltungsbereich der Methode nachgewiesen werden. Methoden, die nicht linear verlaufen, müssen entsprechenden mathematischen Beziehungen unterworfen werden.
Aussagen aus: mindestens 5 Punkten von 80–120 %, Regressionsanalyse (Korrelationskoeffizient)

Nachweisgrenze
Mit welcher Grenze kann ein Peak noch als Peak erkannt werden?
Aussagen aus: Verhältnis des Basislinienrauschens zur Peakhöhe (Signal/Noise Verhältnis) muss ca. 3–10 sein

Bestimmungsgrenze
Ab welcher Grenze kann der Peak linear bestimmt werden?
Aussagen aus: Verhältnis des Basislinienrauschens zur Peakhöhe (Signal/Noise) muss ca. 10–30 sein

Robustheit
Ist das System gegen leichte Veränderungen stabil?
Aussagen aus: Geänderte Laufmittel-Mischung, pH, Fluss, veränderte Auflösung, Tailing

Stabilität
Wie lange sind die Probelösungen verwendbar?
Aussagen aus: Wiederholung nach 12 und 24 Stunden einer Probelösung.

Revalidierung
Um den Zustand einer Methode und Analyse zu bestimmen, wird vor jeder Analyse eine Kontrollprobe 5-mal injiziert. Aus diesen Ergebnissen kann durch Berechnen der Auflösung und der Varianzen ein Bild über den Zustand des Systems geschaffen werden.
Laufende Aufzeichnungen (Qualitätsregelkarten) helfen bei der Beurteilung von Außer-Kontroll-Situationen.

Probenvorbereitung
Überprüfung der Extraktionsdauer und Intensität sowie verwendeter Lösungsmittel und Filter.

Systemeignungstest SST
Jede Methode hat bestimmte Mindestanforderungen, die erfüllt werden müssen.
Aussagen aus: Variationskoeffizient der Standardläufe, Auflösungsbedingungen, Tailing, usw.
Vorgaben auch von verschiedenen Regelwerken sind zu beachten.

Methoden aus Regelwerken (USP/Pharm EU) sind als validiert zu betrachten!

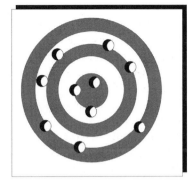

Präzision: SCHLECHT
Richtigkeit: SCHLECHT

Präzision: SCHLECHT
Richtigkeit: GUT

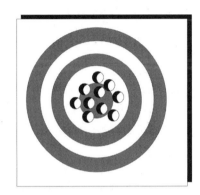

Abb. 2.4 Zur Präzision und Richtigkeit von Analysenergebnissen.

Tab. 2.1 Validierungsumfang DC/GC/HPLC.

	DC	GC	HPLC
Selektivität	Ja	Ja	Ja
Richtigkeit	ggf.	Ja	Ja
Präzision	ggf.	Ja	Ja
Reproduzierbarkeit	Ja	Ja	Ja
Linearität	ggf.	Ja	Ja
Nachweisgrenze	Ja	ggf.	ggf.
Bestimmungsgrenze	Ja	Ja	Ja
Robustheit	ggf.	Ja	Ja
Stabilität	Ja	Ja	Ja
Revalidierung	Ja	Ja	Ja
Probenvorbereitung	Ja	Ja	Ja
Systemeignungstest	Ja	Ja	Ja

2.3.1
Systemtest: Ein Beispiel

HPLC-Bestimmung von Vitamin A und E in einer Vitamintablette
In einer Vitamintablette soll der Anteil von Vitamin A und Vitamin E bestimmt werden.

Bevor die Bestimmung durchgeführt werden kann, muss die Methode einem Systemtest unterzogen werden. Dazu wird eine Standardlösung von Vitamin A + E 5-mal injiziert.

Methode
HPLC Säule: Spherisorb ODS1, Länge 250 mm/ID 4,6 mm/7 µm
Laufmittel: Methanol
Injektionsvolumen: 10 µl
Fluss: 1 ml/min

Standard Einwaage Vitamin A = 20 mg, Vitamin E = 50 mg in einen 25-ml-Messkolben
Der Standard und die Proben werden in *n*-Hexan gelöst.

Das System muss folgenden Parametern entsprechen:
Variationskoeffizient $s + V$ aus 5 Standardinjektionen < 1,0 %
Auflösung R_s von A + E < 2,0
Tailingfaktor A_s von Vitamin A zwischen 0,8 und 1,2

Normalerweise werden diese Parameter von einem modernen Datensystem automatisch berechnet. Man sollte diese Werte jedoch überprüfen können. Auch mit EXCEL-Tabellen und Formeln lassen sich diese Berechnungen rasch durchführen.

Der Mittelwert aus den 5 Peakflächen des Vitamin-E-Peaks (16,41/16,54/16,52/16,34/16,44) beträgt 16,45.

Der Variationskoeffizient ist mit 0,50 % entsprechend (Limit < 1,0 %)

$$s = \sqrt{\frac{(x_1 - \bar{x})^2 + (x_2 - \bar{x})^2 + (\ldots)^2}{n - 1}}$$

$$= \sqrt{\frac{(16,41 - 16,45)^2 + (16,54 - 16,45)^2 + (16,52 - 16,45)^2 + (16,34 - 16,45)^2 + (16,44 - 16,45)^2}{5 - 1}}$$

$$= 0,081854$$

$$V = \frac{s}{\bar{x}} \cdot 100\,\% = \frac{0,081854}{16,45} \cdot 100\,\% = 0,49759$$

Die Auflösung zwischen E und A entspricht mit 2,19 den Anforderungen (< 2,0).

$$R_s = \frac{1{,}18\,(t_{R2} - t_{R1})}{w_{h1} + w_{h2}} = \frac{1{,}18\,(10{,}98 - 6{,}92)}{1{,}07 + 1{,}12} = 2{,}19$$

Der Tailingfaktor ist im Limit, das System ist valide.

$$A_s = \frac{w_{0{,}05}}{2\,d} = \frac{\text{Peak Width 5\%}}{2 \cdot \text{Peak Width Left 5\%}} = \frac{2{,}25}{2 \cdot 1{,}07} = 1{,}05$$

Peaks und Parameter zeigt Abbildung 2.5.

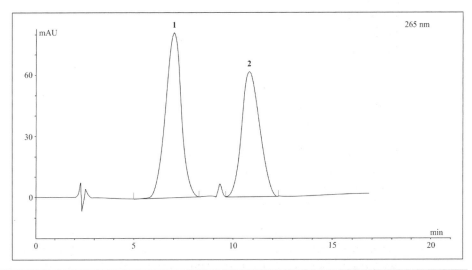

No.	Ret.Time	Peakname	Area	Peak Width 50%	Peak Width 5%	Peak Width Left 5%
1	6,92	Vitamin E	16,42	1,07	2,1	1,04
2	10,98	Vitamin A	13,21	1,12	2,25	1,07

No.	Ret.Time	Peakname	Height	Area	Area %
1	6,91	Vitamin E	82,55	16,55	55,48
2	10,97	Vitamin A	60,02	13,28	44,52

No.	Ret.Time	Peakname	Height	Area	Area %
1	6,92	Vitamin E	82,59	16,52	55,34
2	10,98	Vitamin A	60,12	13,33	44,66

No.	Ret.Time	Peakname	Height	Area	Area %
1	6,92	Vitamin E	82,48	16,34	55,33
2	10,98	Vitamin A	59,69	13,19	44,67

No.	Ret.Time	Peakname	Height	Area	Area %
1	6,92	Vitamin E	82,54	16,44	55,39
2	10,98	Vitamin A	59,79	13,24	44,61

Abb. 2.5 Peaks und Parameter der Vitaminbestimmung (Beispiel 2.3.1).

2.4
Software für Chromatographiesysteme

Zum Erzeugen und Berichten eines Analysenergebnisses ist eine Software erforderlich, die folgende Bereiche abdeckt.

Steuerung der Hardware

Sind Hardware und Steuerung vom selben Hersteller, ist die Benutzerfreundlichkeit hoch.

Wichtig ist der schnelle Zugriff auf folgende Steuerungselemente bei HPLC-Geräten:

Pumpe ein-/ausschalten, Fluss verändern, Mischverhältnis verändern, Ripple ablesen, Druck beobachten, Probenreihenfolge ändern, Detektorsteuerung, Gesamtsystem Starten und Stoppen.

Ständige Beobachtungsmöglichkeit des laufenden Chromatogramms ist wichtig.

Zwei Oberflächen zeigt Abbildung 2.6.

Aufzeichnung und Integration der Chromatogramme

Kann das Chromatogramm und die Integration bereits während einer laufenden Analyse eingesehen und verändert werden?

Ist eine manuelle Möglichkeit zur Peakintegration vorgesehen?

Berechnung der Ergebnisse

Ist die Eingabe von Einwaagen, Verdünnungen und Faktoren auch für Dritte klar ersichtlich?

Was wird wo und wie berechnet? Ist die Richtigkeit der Berechnungen überprüft worden?

Berichten der Endergebnisse

Hier ist besondere Flexibilität erforderlich, um sich Kundenvorgaben optimal anpassen zu können. Weiters ist eine Verbindung zu LIMS- bzw. SAP-Systemen vorzusehen.

Archivierung der gesamten Rohdaten

Dieser Bereich wird von EDV-Abteilungen abgedeckt. Oft ist eine **gesicherte** Archivierung von bis zu 30 Jahren von Behörden gefordert.

Alle Manipulationen an den Daten müssen aufgezeichnet werden.

Wer (Bearbeiter), Wann (Datum), Wo (Gerät), Womit (Säule) muss mit den Rohdaten untrennbar verknüpft sein.

Alle diese Punkte und Wünsche müssen von einem Chromatographiedatensystem abgedeckt werden.

2.4 Software für Chromatographiesysteme

a)

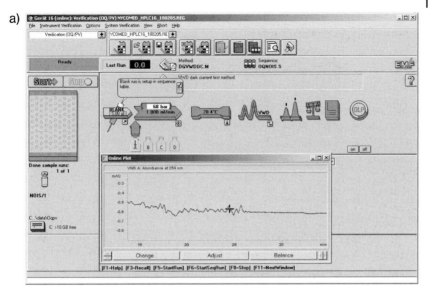

b)

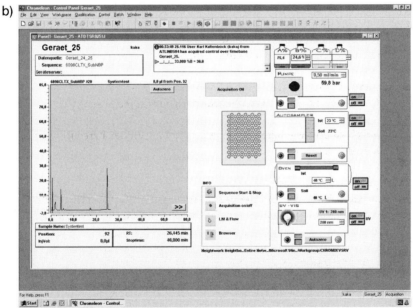

Abb. 2.6 Oberflächen von Datensystemen für die Chromatographie:
a) ChemStation (Agilent), b) Chromeleon (Dionex).

2.5
Chromatogramm und Integration

Das von einem Integrator oder einer computerunterstützen Software aufgezeichnete elektronische Signal wird als Chromatogramm bezeichnet. Aus den Höhen und Flächen der Kurven (Peaks) und aus der Retentionszeit kann ein Analysenergebnis quantitativ und qualitativ ermittelt werden.

Eine gleichmäßige, wiederholbare Berechnung und Zuordnung von Peaks über einen längeren Zeitraum ist dafür notwendig. Dies erfolgt durch Einstellen einer „richtigen Integration".

Dazu muss das chromatographische System stabil sein und Peakform und Auflösung müssen einer Norm entsprechen.

Gute Integration braucht:
- stabiles Chromatographiesystem
- wiederholbare Peakerkennung
- gleichmäßige Basislinienführung
- exakte Peaktrennung
- Flächen und Höhen im Messbereich

Integrationsparameter
Die Peaks sind dabei nicht immer ideale Gauß'sche Kurven, sondern zeigen mehr oder weniger große Abweichungen. Negative Peaks, Tailing, Fronting, Peakschulter, Doppelpeak und ansteigende Basislinie bei Gradientenlauf sind die bekanntesten davon (Abb. 2.7).

Integration – Integrationssoftware
Um auch in solchen Fällen eine stabile Integration durchzuführen, gibt es in jeder Peaksoftware (z. B. Chemstation, Chromeleon) Parameter, mit denen die „richtige Integration" erleichtert oder sogar erzwungen werden kann.

Die Zuordnung der Retentionszeit zu bekannten oder unbekannten Substanzen wird ebenfalls damit vorgenommen.

Aus den daraus erhaltenen Daten werden Systemeignung und Analysenergebnis vollautomatisch berechnet.

2.5 Chromatogramm und Integration

Tab. 2.2 Integrationsparameter am Beispiel der Software ChemStation (Agilent):
a) Standard-Parameter, b) Basislinienführung, c) Sonderparameter, d) manuelle Parameter.

a) Standard

Slope Sensitvity	Neigungsempfindlichkeit
Peak Width	Peakbreite
Area Reject	Minimalfläche
Height Reject	Minimale Höhe
Shoulders	Schultern

b) Basislinienführung

Advanced Baseline	Fortgeschrittene Basislinenerkennung
Baseline Now	Basislinie erzwingen
Baseline at Valleys	Basispunkte in allen Tälern
Baseline Hold	Basislinie halten
Tail Tangent Skim	Tangentenabtrennung auf abfallendem Peak

c) Sonderparameter

Area Sum	Flächensumme
Integration	Integration
Negative Peak	Negative Peaks
Split Peak	Peaks trennen
Fixed Peak Width	Festgelegte Peakbreite
Auto Peak Width	Selbsteingestellte Peakbreite
Detect shoulders	Schultererkennung
Shoulders Mode	Schultermodus
Unassigned Peak	Nicht zugeordneter Peak

d) Manuell

Draw Baseline	Basis anpassen
Negative Peaks	Negative Peaks entfernen
Tangent Skim	Tangente abschneiden
Split Peak	Peak teilen
Delete Peaks	Peak löschen

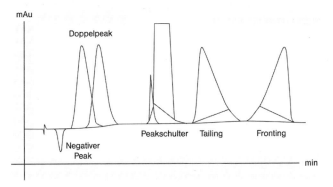

Abb. 2.7 Mögliche Abweichungen der Peakform von der Gauß-Kurve.

2.5.1
Integration

Grundsätze bei der Integration:
- So wenige Parameter wie möglich verwenden.
- Sonderparameter nur in Sonderfällen einsetzen.
- Die Funktionsweise und die Zusammenhänge von verwendeten Parametern müssen bekannt sein.
- Die angebotenen Hilfsfunktionen in der Software verwenden.
- Letztendlich muss der Benutzer die „bessere Art" der Integration auswählen.

Tab. 2.3 Integrationsparameter für die Software Chromeleon (Dionex).

1	Baseline Point	Basislinienpunkt
2	Detect negative Peaks	negative Peaks erkennen
3	Front Riders to Main Peak	Aufwärtsreiter zum Hauptpeak
4	Inhibit Integration	Integration ausschalten
5	Lock Baseline	Basislinie fixieren
5a	on	nicht aufgelöste Peaks verbinden
5b	off	off
5c	At curent level	horizontal nach rechts
5d	At global minimum	vom absoluten Minimum horizontal
6	Max Area Reject	maximal abzulehnende Fläche
7	Max Height Reject	maximal abzulehnende Höhe
8	Max Rider Ratio	maximales Reiterverhältnis
9	Max Width	maximale Peakbreite
10	Minimum Area	minimale Fläche
11	Minimum Height	minimale Höhe
12	Minimum Width	minimale Breite
13	Peak Group Start/End	Peakgruppe
14	Peak Purity Start/End Wavelength	Wellenlänge
15	Peak Purity Start/End Threshold	Schwellenwert für PPA
16	Peak Shoulder Threshold	Schwellenwert für Peakschultern
17	Peak Slice	Granularität der x-Achse
18	Rider Skimming	Reiter abschälen
19	Rider Threshold	Reiterschwellenwert
20	Sensitvity	Granularität der y-Achse
21	Tailing Fronting Sensitvity Faktor	Empfindlichkeit für Tailing/Fronting
22	Valley to Valley	Tal zu Tal
23	Void Volume Treatment	Ausblendung eines negativen Peaks/Anfang

2.5 Chromatogramm und Integration

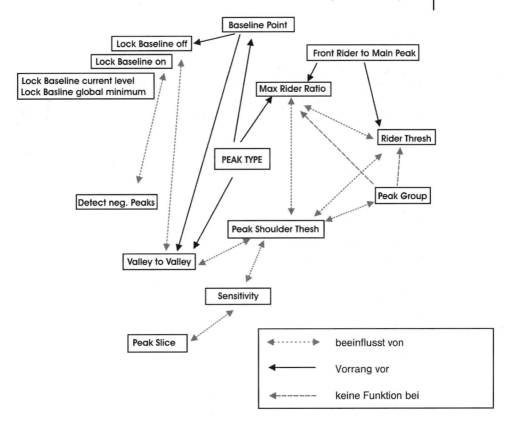

Weitere Zusammenhänge

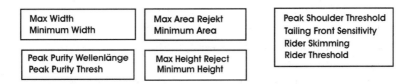

Abb. 2.8 Zusammenhänge zwischen den Integrationsparametern der Software Chromeleon.

2.5.3
Integrationspraxis und Beispiele

Verschiedene Integrationsparameter im Vergleich

Um die Funktionsweise einer Integration zu zeigen, werden an einem Chromatogramm verschiedene Integrationsparameter getestet und deren Auswirkungen auf das Ergebnis beobachtet.

Das Chromatogramm zeigt eine Auftrennung von sechs Vitaminen: Ascorbinsäure Asc, Nicotinamid Nic, Pyridoxin Pyr, Thiamin Thi und Riboflavin Rib.

Das Rohchromatogramm ohne Integrationseinstellungen (Abb. 2.9) wird im PC geladen und den Erfordernissen angepasst.

- Um das Überangebot an Information einzudämmen, wird mit *minimum Area* jene Peakfläche eingestellt, die der Hälfte der Nachweisgrenze entspricht. In der Praxis sind das meist Flächen, die unter 0,03 Flächen-% liegen (Nachweisgrenze 0,05 %). So werden viele Peaks, die für die aktuelle Analyse nicht interessant sind, eliminiert.
- Als Nächstes wird der Bereich, der nicht gemessen wird, ausgeschaltet. Dazu gehören Injektionspeaks, Systempeaks oder Gradientenpeaks.
- Manche Datensystem lassen es auch zu, einen Matrixlauf vom gesamten Chromatogramm abzuziehen, was die Übersicht bei komplexen Stoffen erheblich verbessert.

Bei einfachen Analysen genügen bereits diese Einstellungen (*minimum Area, Integration on/off*). Weniger ist mehr – das gilt bei allen Integrationsversuchen. Nur unbedingt notwendige Funktionen anwenden, um einen automatischen Analyseablauf nicht zu gefährden (Abb. 2.10).

2.5 Chromatogramm und Integration

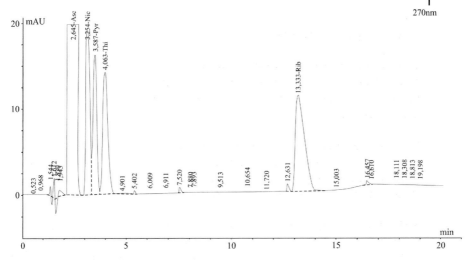

Abb. 2.9 Rohchromatogramm (ohne spezielle Integrationsparameter) der Analyse eines Vitamingemischs.

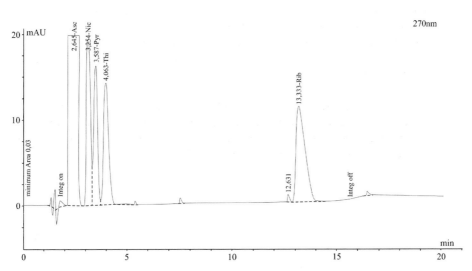

Abb. 2.10 Chromatogramm aus Abb. 2.9, modifiziert durch Integrationsparameter („Minimum Area", „Integration on/off").
Jetzt werden für die Analyse uninteressante Peaks ausgeblendet.

Weitere Parameter im Test

Basislinie setzen, Set Baseline now
Wird verwendet um die Basis an einem bestimmten Punkt zu erzwingen, z. B. bei ansteigender Basislinie kurz vor einem Peak. Nicht verwendet werden soll diese Funktion an den Peakflanken oder zur Peaktrennung (Abb. 2.11).

Basislinie horizontal
Eine praktische Funktion zur Überbrückung von Injektionspeaks, wenn das Ausschalten nicht wünschenswert ist. Bei umfangreichen Peakgruppen, die nicht bis zur Basis getrennt sind, ist es oft der einzige Weg, eine Integration auf die Basis zu erzwingen (Abb. 2.12).

Valley to Valley
Dabei wird in jedem Peaktal ein Basislinienpunkt gesetzt. Diese Funktion löst zwar manchmal komplexe Integrationsproblem, es muss aber die Frage gestellt werden, ob eine Integration die nicht zur Basis trennt, „richtige Integration„ genannt werden kann, da sie einen wesentlichen Flächenanteil am Fuße des Peaks nicht einbezieht (Abb. 2.13).

Threshold, Tailingfaktor, TRESH
Unter diesen Bezeichnungen wird ein Schwellenwert eingestellt, der angibt, wann ein Peak beginnt oder endet. Wird eine bestimmte Höhe des Detektorsignals überschritten, so entscheidet das Datensystem, ob ein Peak daraus wird oder nicht (Abb. 2.14).

2.5 Chromatogramm und Integration

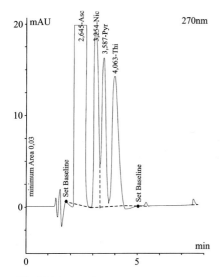

Abb. 2.11 Integrationsparameter „Basislinienpunkt erzwingen".

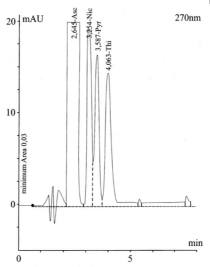

Abb. 2.12 Integrationsparameter „Basislinie horizontal weiterführen".

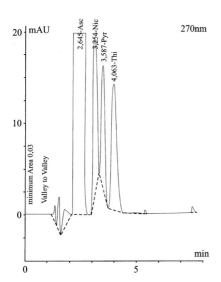

Abb. 2.13 Integrationsparameter „In jedem Peaktal Basispunkt setzen".

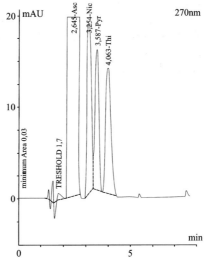

Abb. 2.14 Integrationsparameter „Schwellenwert/Threshold".

Rider Skimming Tangential

Mit dieser Einstellung kann ein Reiterpeak oder Aufsitzerpeak von einem größeren Hauptpeak abgeschnitten werden. Diese Funktion ist vor allem bei sehr unterschiedlichen Peakhöhen der richtige Weg zu wiederholbaren Analysen (Abb. 2.15 a).

Rider Skimming Exponential

Wird wie die Funktion Rider Skimming Tangential eingesetzt, trennt aber noch deutlich besser (Abb. 2.15 b).

Auflösung in Abhängigkeit von der Peakhöhe

Während zwei gleich große Peaks bereits mit einer Auflösung von 0,8 ausgewertet werden können, wird bei ungleich großen Peaks die Präzision immer geringer. Hier kann man durch die Auswahl der richtigen Integrationsparameter den Fehler minimieren. Entscheidend ist, welche Fläche dem einen Peak zugerechnet wird und welche dem anderen. Bei besonders geringen Auflösungen ist oft die Berechnung mit der Peakhöhe die bessere Wahl (Abb. 2.16 a und 2.16 b).

Welche Parameter haben keinen Einfluss auf das Endergebnis?

Von den Systemen wird eine Vielzahl an Integrationsparametern angeboten. Bei vielen davon handelt es sich um sehr ähnliche Funktionen, die ähnliche Wirkungen haben. Einige haben nur Einfluss auf die Peakerkennung wie *Minimum* und *Maximum Area*, andere können verwendet werden, um Peakgruppen gemeinsam dazustellen.

Auch die Zuordnung von einzelnen Peaks als Hauptpeak (Main) oder Reiterpeak (Rider) ist möglich. Bei allen Manipulationen ist immer darauf zu achten, dass die Rohdaten des Chromatogramms unverändert vorhanden bleiben und eine Änderung der Integration noch nach Jahren vorgenommen werden kann.

Manuelle Integration

Auch die manuelle Integration ist durch die Software vorgesehen. Dabei werden die Punkte der Basislinie und damit der Peakfläche selbst mit der Maus eingezeichnet.

Außer zu Versuchszwecken sollte diese Methode jedoch nicht eingesetzt werden, da das Verändern der Basislinienpunkte nicht reproduzierbar ist und immer der Eindruck entsteht, dass eine Manipulation in Richtung des gewünschten Ergebnisses stattgefunden hat.

Skalierung den Erfordernissen anpassen

Das Chromatogramm in Papierform oder am Bildschirm zeigt eine riesige Menge an Information die in Listen und Tabellen nie so dargestellt werden könnte.

Ein kleiner, unbekannter Peak fällt sofort ins Auge, wenn das Chromatogramm in der notwendigen Skalierung gehalten ist. Hunderte Proben können so durch rasches Durchblättern auf unerwartete Ergebnisse überprüft werden.

Ein Chromatogramm sagt mehr als tausend Werte!

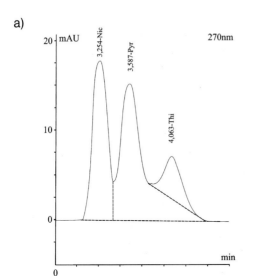
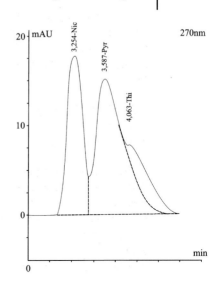

Abb. 2.15 Integrationsparameter „Reiterpeak abschälen": a) tangential, b) exponential.

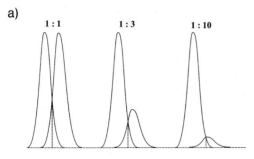
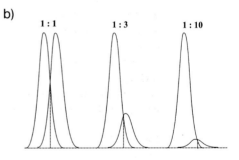

Abb. 2.16 Auflösung bei unterschiedlichen Peakhöhen: a) $R = 1{,}0$ und b) $R = 0{,}8$.

3
Berechnungen in der Chromatographie

3.1
Parameter eines Chromatogramms

Um das chromatographische System zu qualifizieren und aus den Chromatogrammdaten Analyseergebnisse zu erhalten, müssen Berechnungen durchgeführt werden. Daten aus Chromatogramm, Probe, Probevorbereitung, Säule und Gerät stehen dabei zur Verfügung (Abb. 3.1).

Aussagen aus dem Chromatogramm

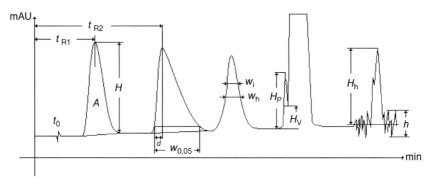

Abb. 3.1 Größen, die aus einem Chromatogramm abgelesen werden können.

A = Peakfläche
H = Peakhöhe
t_{R1} = Entfernung Einspritzpunkt zu Peakmaximum von Peak 1
t_0 = Totzeit, Entfernung zwischen Einspritzpunkt und Injektionspeak
w_h = Peakbreite in halber Höhe (= 1,18 w_i)
w_i = Peakbreite am Wendepunkt
$w_{0,05}$ = Peakbreite in 5 % der Höhe
d = Entfernung ansteigende Kurve (bei 5 %) zur Senkrechten vom Peakmaximum

H_p = Höhe des kleineren Peaks über der extrapolierten Basislinie
H_v = Höhe des niedrigsten Punkts der Kurve über der Basis
H_h = Höhe des Peaks über der extrapolierten Basislinie, 20-fache Peakbasisbreite
h = Höhe des Untergrundrauschen, 20-fache Peakbreite

3.2 Formelsammlung

Relative Retention r

$$r = \frac{t_{R2} - t_0}{t_{R1} - t_0}$$

Signal-Rausch-Verhältnis S/N

$$S/N = \frac{2\,H_h}{h}$$

Symmetriefaktor (Tailingfaktor) A_s

$$A_s = \frac{w_{0,05}}{2\,d}$$

Massenverteilungsverhältnis D_m

$$D_m = \frac{t_R - t_0}{t_0}$$

Verteilungskoeffizient K_0

$$K_0 = \frac{t_R - t_0}{t_t - t_0}$$

Peak-Tal-Verhältnis p/v

Bei fehlender Basislinientrennung wird p/v herangezogen.

$$p/v = \frac{H_p}{H_v}$$

Auflösung R_s

$$R_s = \frac{1{,}18\,(t_{R2} - t_{R1})}{w_{h1} + w_{h2}}$$

Auflösung über 1,5 bedeutet Trennung bis zur Basislinie!

Säulenleistung/Theoretische Böden N

$$N = 5{,}54 \left(\frac{t_R}{w_h}\right)^2$$

Lineare Geschwindigkeit u

$$u = \frac{L}{t_0}$$

L = Länge der Säule

Nettoretentionszeit t_R

$$t_R = t_0 + t'_R$$

Retentionsvolumen V_R

$$V_R = V_{ml/min} \cdot t_R$$

$V_{ml/min}$ = Volumenstrom der mobilen Phase in ml/min

Kapazitätsfaktor k'

$$k' = \frac{t_R - t_0}{t_0}$$

k' ist unabhängig von Länge (L) und Fließgeschwindigkeit (u), jedoch proportional zur spezifischen Oberfläche (Teilchengröße).

Gleichgewichtsverteilungskoeffizient K_C

$$K_C = \frac{V_S}{V_M}$$

V_S = Volumen stationäre Phase
V_M = Volumen mobile Phase

Relative Retention/Selektivität α

$$\alpha = \frac{t_{R2} - t_0}{t_{R1} - t_0} = \frac{k'_2}{k'_1}$$

Theoretische Böden N

$$N = 16 \left(\frac{t_R}{w_{Basis}} \right)^2$$

$$N = 2\pi \left(\frac{H \cdot t_R}{A} \right)^2$$

Berechnung von N bei asymmetrischen Peaks

$$N = 41{,}7 \left[\frac{(t_R / w_{0,1})}{A_s + 1{,}25} \right]^2$$

R als Funktion von α, N und k'

$$R = \frac{1}{4} (\alpha - 1) \sqrt{N} \cdot \frac{k'}{1 + k'}$$

$$k' = \frac{k'_1 + k'_2}{2}$$

Maximales Injektionsvolumen, wobei der Peak höchstens um 1 % verbreitet wird V_i

$$V_i = 0{,}2 \frac{t_R \cdot V_{ml/min}}{\sqrt{N}}$$

Gehaltsberechnung aus Peakfläche A und externem Standard in %
Standard, Probeverdünnung und Injektion identisch

$$\text{Geh \%} = \frac{A_{Probe} \cdot EW_{Std} \cdot \%_{Std}}{A_{Std} \cdot EW_{Probe}}$$

Verdünnungsfaktor/Dilutionsfaktor Df
Probe oder Standard wird in verschiedenen Volumina aufgelöst und weiter verdünnt.
  z. B. 25 mg in 50 ml, davon 2 ml auf 100 ml, davon 5 ml auf 50 ml

$$Df = \frac{50}{2} \cdot \frac{100}{5} \cdot 50 = 25\,000$$

Gehaltsberechnung aus Peakfläche A und externem Standard mit Berücksichtigung von verschiedenen Verdünnungen und Injektionsmengen

$$\text{Geh \%} = \frac{A_{\text{Pr}} \cdot EW_{\text{Std}} \cdot \%_{\text{Std}} \cdot Df_{\text{Pr}} \cdot Inj_{\text{Std}}}{A_{\text{Std}} \cdot EW_{\text{Pr}} \cdot Df_{\text{Std}} \cdot Inj_{\text{Pr}}}$$

Gehaltsberechnung aus Peakfläche A und internem Standard in %
Dabei wird in einen Standard und in die Probe eine bekannte, chemisch ähnliche Substanz zugegeben, die jedoch chromatographisch abgetrennt wird. Damit kann man Faktoren wie ungenaue Injektion ausschalten.
  Zuerst wird das Verhältnis des Standards zum internen Standard bestimmt.

Responsefaktor RF

$$RF = \frac{A_{\text{interner Std}} \cdot EW_{\text{Std}}}{A_{\text{Std}} \cdot EW_{\text{interner Std}}}$$

Aus den Probeläufen, die ebenfalls einen internen Standard enthalten, wird der Gehalt berechnet:

$$\text{Geh} = \frac{A_{\text{Probepeak}} \cdot EW_{\text{interner Std}} \cdot RF}{A_{\text{interner Std}}}$$

Gehaltsberechnung aus Peakfläche A durch Aufstockung
Zugabe der zu messenden Substanz in die Probelösung. Wird bei Spurenanalytik und Headspace-Methoden eingesetzt.

$$\text{Geh} = \frac{A_{\text{Probe}} \cdot EW_{\text{Zutest}}}{(A_{\text{Probe + Zutest}} - A_{\text{Probe}}) \cdot EW_{\text{Probe}}}$$

Volumenveränderung von Flüssigkeiten durch Temperaturänderung
Haben die Standardlösung und die Probelösung dieselbe Temperatur?
  Faustregel: 10 °C Differenz = 1 % Fehler

$$V_t = V_0 \cdot \gamma \cdot \Delta t$$

V_t = Volumenänderung
V_0 = Ausgangsvolumen
Δt = Temperaturdifferenz
γ = kubischer Ausdehnungskoeffizient
      z. B. für Alkohol $\gamma = 0{,}0011$

Berechnung von *RF* nach Mehrfachentwicklung in der DC

$$^{n}RF = 1 - 1\,(1 - RF)^{n}$$

n = Anzahl der Entwicklungen

Retentionsindex nach Kovats

Das System beruht auf der homologen Reihe von *n*-Paraffinen. Die Retentionszeit steigt logarithmisch mit der Anzahl der C-Atome in den Substanzen. Der Kovats-Index ist eine logarithmische Interpolation.

$$I_T^y = 100 \cdot z + 100 \, \frac{\log(t_s)_x - \log(t_s)_z}{\log(t_s)_{z+1} - \log(t_s)_z}$$

z = Anzahl der C-Atome
$(t_s)_x$ = Nettoretentionszeit (von t_0 weg) der Unbekannten
$(t_s)_z$ = Nettoretentionszeit des *n*-Alkan-Standards vor dem Unbekannten x
$(t_s)_{z+1}$ = Nettoretentionszeit des *n*-Alkan-Standards nach dem Unbekannten x

Berechnung der Laufmittelmenge

Ist genug Laufmittel vorhanden? Dies muss vor dem Starten einer HPLC-Sequenz stets überprüft werden, um ein Trockenlaufen von Pumpe und Säule zu verhindern.

Der isokratische Lauf wird durch Multiplizieren der Laufzeit mit dem Fluss in ml/min und der Anzahl der Injektionen berechnet:

$$LM_{Menge} = Stopzeit_{min} \cdot Fluss_{ml/min} \cdot Anzahl_{Injektionen}$$

Bei einem Gradientenlauf ist zu ermitteln, wie viele Milliliter Laufmittel aus Flasche A (LMA) bzw. Flasche B (LMB) verbraucht werden:

$$LMA_{ml} = \left[\frac{\text{minimal A \%} - \text{maximal A \%}}{2} + \text{maximal A \%} \right] \cdot \frac{Fluss_{ml/min} \cdot Stopzeit_{min}}{100}$$

LMB ist die Differenz aus der Gesamtmenge und LMA.

Kommen auch isokratische Anteile vor, so werden diese extra ermittelt und addiert.

Totzeit-Faustregel

Wann ist der Injektionspeak zu erwarten?

$$t_0 = 0{,}5 \frac{L}{F} \cdot d^2$$

L = Länge der Säule in cm
F = Fluss in ml/min
d = Innendurchmesser in cm

Equilibrierzeit t_{eq} bei Gradientenläufen

Wie lange braucht das System bei einem Gradienten, bis die nächste Probe injiziert werden kann?
Richtwert:

$$t_{eq} = t_0 \cdot 0{,}15\, \Delta\%B$$

$\Delta\%B$ = Differenz zwischen kleinsten und größtem Anteil des Laufmittels B

Maximales Injektionsvolumen ohne Säulenüberlastung

Das Injektionsvolumen sollte höchstens 10 % des Säulenvolumens betragen.
Das Säulenvolumen errechnet sich in einer Näherung aus

$$V_{\text{Säule}} = \frac{t_0 \cdot F}{0{,}8}$$

Verhältnis Bodenzahl, Säulenlänge und Teilchengröße

Die Teilchenzahl ist eine sehr wichtige Größe bei der Auftrennung von Substanzen (doppelte Trennleistung bei Halbierung der Teilchengröße!).

$$N \approx 3000\, \frac{L_{\text{cm}}}{d_{\mu m}}$$

3.3 Berechnungsbeispiele

Beispiel 1:
Bei einer Vitaminanalyse darf der Ascorbinsäurepeak höchstens einen Tailingfaktor von 0,9 bis 1,2 bei 5 % der Peakhöhe aufweisen, ansonsten muss eine neue Säule verwendet werden. Dem Peak wurde eine vertikale Linie eingezeichnet und bei 5 % der Peakhöhe wurden die Abstände zum aufsteigenden und absteigenden Schenkel mit einem Lineal gemessen (Abb. 3.2).

Vom Mittel zum aufsteigenden Schenkel: 7,9 mm
Vom Mittel zum absteigenden Schenkel: 9,2 mm

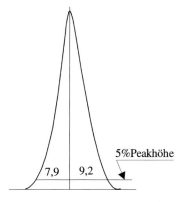

Abb. 3.2 Vermessung eines Ascorbinsäure-Peaks.

$$A_s = \frac{w_{0,05}}{2\,d} = \frac{(7,9 + 9,2)}{2 \cdot 7,9} = 1,08$$

Die Peakform ist noch in Ordnung, bei der nächsten Analyse ist wahrscheinlich eine neue Säule notwendig.

Beispiel 2:

Als Säule wird eine Nucleosil 100 C18 mit 250 mm Länge und 4,6 mm Innendurchmesser verwendet. Der Fluss beträgt 0,75 ml/min. Wann ist der Einspritzpeak t_0 zu erwarten und welche maximale Einspritzmenge sollte injiziert werden?

Die Totzeit wird nach der Faustregel $t_0 = 0,5 \dfrac{L}{F} \cdot d^2$ ermittelt:

$$t_0 = 0,5 \frac{25}{0,75} \cdot 0,46^2 = 3,53 \text{ min}$$

Das maximale Injektionsvolumen beträgt ~10 % des Säulenvolumens und wird mit der Formel $V_{\text{Säule}} = \dfrac{t_0 \cdot F}{0,8}$ als Näherung ermittelt:

$$V_{\text{Säule}} = \frac{3,53 \cdot 0,75}{0,8} = 3,31 \text{ ml}$$

Das Säulenvolumen ist 3,3 ml, das maximale Injektionsvolumen ohne Säulenüberlastung beträgt 330 µl (10 %).

Beispiel 3:

In einer Methode ist eine Nucleosil 250 mm mit 7 µm Material vorgeschrieben. Welche Länge muss eine 3-µm-Säule haben, um dieselbe Bodenzahl zu erhalten?

Berechnung N der ersten 7-µm-Säule:

$$N \approx 3000 \frac{L_{\text{cm}}}{d_{\text{µm}}} = 3000 \frac{25}{7} = 10714$$

Berechnung der Länge der 3-µm-Säule:

$$L_{\text{cm}} \approx \frac{N \cdot d_{\text{m}}}{3000} = \frac{10714 \cdot 3}{3000} = 10,7 \text{ cm}$$

Der Einsatz einer 100-mm-Säule anstelle der 250-mm-Säule verkürzt die Analysezeit bei gleich bleibender Bodenzahl.

Beispiel 4:

Berechnung der Auflösung R von zwei Peaks. Mindestanforderung für eine vollständige Trennung ist eine Auflösung von 1,5.

Peak 1: Retentionszeit 11,2 min Peakbreite ½ Höhe: 0,21 min
Peak 2: Retentionszeit 13,4 min Peakbreite ½ Höhe: 0,32 min

Berechnung :

$$R_s = \frac{1,18 \, (t_{R2} - t_{R1})}{w_{h1} + w_{h2}} = \frac{1,18 \, (13,4 - 11,2)}{0,21 + 0,32} = 4,9$$

Beispiel 5:

Der Detektorzustand lässt sich am besten am Signal-Rausch-Verhältnis ablesen. Dabei werden die Basislinienschwankungen gemessen (Abb. 3.3) und mit dem kleinsten Signal verglichen, das aus diesem Basisrauschen herausragt.

Die Höhe der Basislinie beträgt 0,02 mAU (h).
Die Höhe des kleinsten Peak 0,15 mAU (H_h).

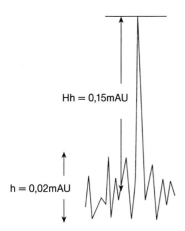

Abb. 3.3 Messwerte zur Bestimmung des Signal-Rausch-Verhältnisses.

$$S/N = \frac{2\,H_h}{h} = \frac{2 \cdot 0{,}15}{0{,}02} = 15$$

Das ist ein guter Wert, der eine Bestimmung erlaubt. Werte unter 10 lassen nur einen Nachweis zu.

3 Berechnungen in der Chromatographie

Beispiel 6:

35 Probeinjektionen werden mit einem Fluss von 1,2 ml/min und einem Gradienten durchgeführt. Wie viel Laufmittel von A und B wird dazu benötigt?

Gradient:

min	% B	min	% B
0	10	25	50
10	10	25,1	10
20	50	32	10

Gesamter Laufmittel-Verbrauch A + B:

$$LM_{Menge} = Stopzeit_{min} \cdot Fluss_{ml/min} \cdot Anzahl_{Injektionen}$$
$$= 32 \cdot 1{,}2 \cdot 35 = 1344 \text{ ml}$$

Isokratischer Anteil von A 10 %

10 min am Anfang des Gradienten und 7 min am Ende

$$17 \text{ min} \cdot 1{,}2 \text{ ml/min} \cdot 35 \text{ Probe} \cdot 0{,}90 \text{ (\% A)} = \mathbf{642{,}6 \text{ ml A}}$$

Isokratischer Anteil von A 50 %

5 Minuten von 20 bis 25 Minuten

$$5 \text{ min} \cdot 1{,}2 \text{ ml/min} \cdot 35 \text{ Probe} \cdot 0{,}50 \text{ (\% A)} = \mathbf{105 \text{ ml A}}$$

Gradientenanteil A von 10 min zu 20 min von 10 % zu 50 %

$$LMA_{ml} = \left(\frac{\min A\% - \max A\%}{2} + \max A\%\right) \cdot \frac{Fluss_{ml/min} \cdot Stopzeit_{min}}{100} \cdot Anzahl/Injekt$$

$$= \left(\frac{10 - 50}{2} + 50\right) \cdot \frac{1{,}2 \cdot 35}{100} \cdot 32_{\text{Anzahl der Proben}} = 403 \text{ ml A}$$

Laufmittel A 642,6 + 105 + 403 = 1150,6 ml
Laufmittel B 1344 − 1150,6 = 193,4 ml

Unter Einkalkulierung von Equilibrierungszeiten, Einspritzzeiten und Resten in der Laufmittelflasche braucht die Methode ca. 1400 ml Laufmittel A und 400 ml Laufmittel B in der Vorratsflasche.

3.3 Berechnungsbeispiele

Beispiel 7:
Aus dem dargestelltem Chromatogramm (Abb. 3.4) wird der Kapazitätsfaktor k', die Selektivität α, die Anzahl der theoretischen Böden N und die Auflösung R berechnet.

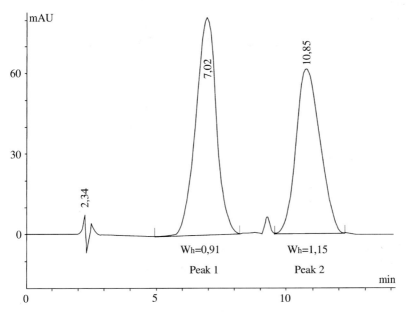

Abb. 3.4 Chromatogramm für Rechenbeispiel 7.

Kapazitätsfaktor von **Peak 1**

$$k' = \frac{t_R - t_0}{t_0} = \frac{7,02 - 2,34}{2,34} = 2,0$$

Kapazitätsfaktor von **Peak 2**

$$k' = \frac{t_R - t_0}{t_0} = \frac{10,85 - 2,34}{2,34} = 3,64$$

Kapazitätsfaktor zwischen 1 und 5 ist optimal. Ist k' zu klein, ist die Aufrennung der Peaks zu gering, ist er zu hoch, ist die Analysezeit unnötig lang.

Selektivität

$$\alpha = \frac{t_{R2} - t_0}{t_{R1} - t_0} = \frac{10,85 - 2,34}{7,02 - 2,34} = 1,82 \qquad \text{oder} \qquad \alpha = \frac{k'_2}{k'_1} = \frac{3,64}{2,0} = 1,82$$

Anzahl der theoretischen Böden der Säule für **Peak 1**

$$N = 5{,}54 \left(\frac{t_R}{w_h}\right)^2 = 5{,}54 \left(\frac{7{,}02}{0{,}91}\right)^2 = 329{,}7$$

Anzahl der theoretischen Böden der Säule für **Peak 2**

$$N = 5{,}54 \left(\frac{t_R}{w_h}\right)^2 = 5{,}54 \left(\frac{10{,}85}{1{,}15}\right)^2 = 493{,}1$$

Berechnung der Auflösung von **Peak 1 + 2**

$$R_s = \frac{1{,}18 \, (t_{R2} - t_{R1})}{w_{h1} + w_{h2}} = \frac{1{,}18 \, (10{,}85 - 7{,}02)}{0{,}91 + 1{,}15} = 2{,}19$$

Die Auflösung R ist die entscheidende Größe in der Chromatographie. R steht in Beziehung zu Selektivität α, Kapazität k' und Bodenzahl N.

$$R = \frac{1}{4} (\alpha - 1) \sqrt{N} \cdot \frac{k'}{1 + k'}$$

$$k' = \frac{k'_1 + k'_2}{2}$$

k' ist von der Stärke der mobilen Phase abhängig.

N charakterisiert die Qualität der Trennsäule bezüglich Packungsmaterial und Packungsqualität.

α charakterisiert die Wechselwirkung der mobilen und stationären Phase.

3.4
Einführung in die Statistik

Um die Analyse umfangreichen Datenmaterials zu erleichtern, werden statistische Verfahren angewendet.

Die Statistik gliedert sich dabei in die *„beschreibende Statistik"*, die Daten erfasst und in Tabellen, Grafiken und Kennzahlen übersichtlich beschreibt, und in die *„beurteilende Statistik"*, die auf der Basis der beschreibenden Statistik vergleicht und prognostiziert.

Die **Stichprobenentnahme** aus einer Grundgesamtheit muss dabei so erfolgen, dass jedes Objekt die gleiche Chance hat, in die Auswahl zu kommen. Das heißt, es darf *kein periodisches Verhalten* bei der Probenahme geben.

Der **Mittelwert** ist die am schnellsten zu beurteilende statistische Größe von Zahlenreihen . Unterschieden wird dabei in

- Arithmethischer Mittelwert:
  Summe aller Werte, dividiert durch die Anzahl

$$\overline{x} = \frac{x_1 + x_2 + x_3 + \ldots}{n} \quad (5,3,7,8) = 5,75$$

- Zentralwert (Median):
  mittlerer Wert einer Zahlenreihe
  0,0,0,0,0,1,1,1,**1**,2,2,2,3,3,3,15,76

- Modalwert:
  häufigster Wert in einer Zahlenreihe
  0,0,0,0,0,0,0,0,1,1,1,1,2,2,3,3,4,4

Der Mittelwert sagt nichts über die *Verteilung* und *Streuung* von Werten aus. So ist (499,501) und (1,999) jeweils gleich 500.

Standardabweichung s

In der Normalverteilungskurve ist für den Praktiker interessant, wo das Maximum der Verteilung liegt und wie breit die Streuung ist.

Die Lage ist aus dem Mittelwert ersichtlich, die Streuung aus der Standardabweichung s.

Die Differenzen vom Mittelwert werden quadriert, aufsummiert und durch die Anzahl der Messungen minus 1 dividiert.

$$s = \sqrt{\frac{(x_1 - \overline{x})^2 + (x_2 - \overline{x})^2 + (\ldots)^2}{n - 1}}$$

Das Quadrat der Standardabweichung s^2 wird als **Varianz** bezeichnet.

Variationskoeffizient V (relative standard deviation RSD)
Quotient aus Standardabweichung und Mittelwert, Angabe in %

$$V = \frac{s}{\bar{x}} \cdot 100\,\%$$

Wahrscheinlichkeit P
Mittelwert und Standardabweichung beschreiben die Wahrscheinlichkeit P, die angibt, innerhalb welches Bereichs sich der Wert bei Normalverteilung (Gauß'sche Kurve) bewegt.

Mittelwert ± 1 s   68,26 %
Mittelwert ± 2 s   95,44 %
Mittelwert ± 3 s   99,73 %
Mittelwert ± 4 s   99,99 %

Fehlerberechnung durch summierte Standardabweichung
Gibt es bei einem Prozess mehrerer Abweichungen, so werden die Quadrate der Standardabweichungen addiert und aus der Summe wird wieder die Wurzel gezogen.

Beispiel: Bei einer HPLC-Analyse gibt es nach Schätzung folgende Abweichungen:

Einwaage der Probe: $V = 1,5$
Auffüllen des Messkolben: $V = 0,03$
Pipettieren: $V = 0,06$
Injizieren durch einen Autosampler: $V = 0,02$
Detektor: $V = 0,3$
Pumpe: $V = 0,2$

$$V_{ges} = \sqrt{V_1^2 + V_2^2 + V_3^2 + \ldots} = 1,54$$

Erster Test auf Normalverteilung nach David
Die Differenz zwischen der größten und der kleinsten Abweichung (Spannweite R) wird durch die Standardabweichung s dividiert.

Die erhaltene Prüfgröße PG wird mit Schrankenwerten ($P = 90\,\%$) in einer Tabelle (Tab. 3.1) verglichen.

$$PG = \frac{R}{s}$$

Tab. 3.1 Signifikanzschranken (Grenzen) nach David ($P = 90\,\%$).

Anzahl N	Untere	Obere	Anzahl N	Untere	Obere
3	1,78	2,00	20	3,29	4,32
5	2,22	2,71	30	3,59	4,70
6	2,37	2,95	40	3,79	4,96
10	2,76	3,57	50	3,95	5,14
15	3,07	4,02	100	4,44	5,68

Grubbs-Test

Bei diesem Test werden der größte und der kleinste Wert überprüft. Bei Extremwerten kann es zu einer Aufhebung und damit falsch positiven Ergebnis kommen.

$$PG = \frac{x^* - \bar{x}}{s}$$

x^* = größter oder kleinster Wert

Der Wert gilt als Ausreißer, wenn einer der berechneten Werte höher als der Tabellenwert ist.

Tab. 3.2 Grubbs-Test (P = 99 %).

Anzahl N		Anzahl N	
3	1,155	10	2,410
4	1,492	15	2,705
5	1,749	20	2,884
6	1,944	25	3,009
8	2,221	30	3,103

Optische Bewertung – Regelkarten

Ein optimales Mittel, um Trends in Zahlenreihen zu erkennen, ist die graphische Darstellung als Diagramm (Abb. 3.5).

Dabei werden die Mittelwerte oder Spannweiten (Abweichung zwischen kleinstem und größtem Wert) gegen die Zeit (Datum) aufgetragen. Durch das Einziehen einer oberen und unteren Grenze (Ereignisgrenze) kann genau definiert werden, wie beim Überschreiten dieser Grenze vorzugehen ist.

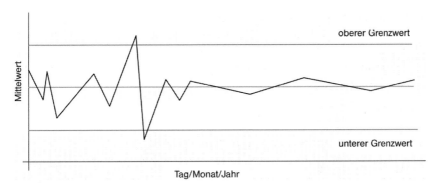

Abb. 3.5 Graphische Darstellung von Zahlenreihen zur Erkennung von Trends.

Vergleich zweier Datenreihen: F-Test und t-Test

F-Test (Abb. 3.6)
Durch den *F*-Test werden Unterschiede in den Varianzen (s^2) nachgewiesen.
Die Prüfgröße *PG* berechnet sich aus:

$$PG = \frac{s_1^2}{s_2^2}$$

t-Test (Abb. 3.7)
Die Prüfgröße für den *t*-Test errechnet sich aus:

$$PG = \frac{\bar{x}_1 - \bar{x}_2}{s_d} \cdot \sqrt{\frac{N_1 \cdot N_2}{N_1 + N_2}}$$

s_d, die mittlere Standardabweichung beider Reihen berechnet sich aus:

$$s_d = \sqrt{\frac{(N_1 - 1) \cdot s_1^2 + (N_2 - 1) \cdot s_2^2}{N_1 + N_2 - 2}}$$

Um die Ergebnisse aus *F*-Test und *t*-Test zu bewerten, muss das Signifikanzniveau ($P = 99\,\%$) aus Tabellen entnommen werden.

PG kleiner als Quantile: kein signifikanter Unterschied
PG größer als Quantile: signifikanter Unterschied

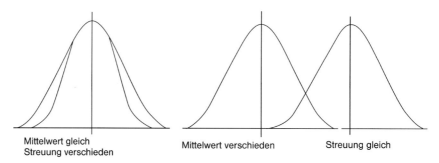

Mittelwert gleich
Streuung verschieden

Mittelwert verschieden

Streuung gleich

Abb. 3.6 *F*-Test.

Abb. 3.7 *t*-Test.

4
Dünnschichtchromatographie (DC/TLC)

4.1
DC: Einführung und Übersicht

Die planare Chromatographie (Papier- und Dünnschichtchromatographie) hat neben HPLC und GC einen festen Platz im analytischen Labor von Medizin, Lebensmittelchemie, Pharmazie und Industrie (eine Übersicht zeigt Abb. 4.1).

Wesentliche Vorteile der planaren Chromatographie sind:

- Geringer Zeitaufwand:
  Viele Proben und Standards können gleichzeitig in einem Entwicklungsgang analysiert werden. Dies ist vor allem bei Prozessüberwachungen und Identitätsprüfungen ein großer Vorteil.

- Gesamtübersicht:
  Keine andere Methode zeigt auf einen Blick die gesamte Information über Reaktion, Abbauprodukte, Vergleiche usw.

- Vorinfo für Säulen- und Hochdruckchromatographie:
  Information über Polarität des Analysegemischs, Aktivität der Trennschicht und Polarität des Fließmittels erleichtert die Methodenentwicklung in der HPLC oder Säulenchromatographie.

- Isolierung von Einzelkomponenten:
  Durch lineares Auftragen und Abschaben (Ablösen) von Einzelbanden kann eine semipräparative Auftrennung vorgenommen werden; Anwendung in der Forschung.

- Derivatisierung:
  Vor der Entwicklung (prächromatographisch) wird eine Derivatisierung zur Verbesserung der Selektivität und zur Erhöhung der Stabilität von labilen Substanzen durchgeführt.

  Nach der Entwicklung (postchromatographisch) werden vor allem die Sichtbarkeit und die Nachweisempfindlichkeit erhöht. Auch qualitative Aussagen (z. B. $FeCl_3$ zeigt Phenole) sind möglich.

- Geringe Kosten:
  Die Kosten der planaren Chromatographie sind ein Fünftel derer von HPLC oder GC.

Unter www.vs-c.de gibt es vernetztes Wissen zum Thema planare Chromatographie.

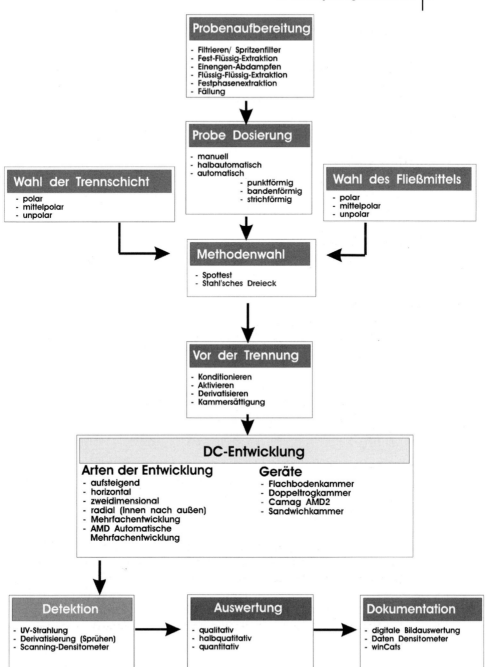

Abb. 4.1 Methodenübersicht Dünnschichtchromatographie.

4.2
DC: Probeaufbereitung

Vor einer planaren Chromatographie muss die Probe gelöst werden. Bei komplexer Matrix wird gereinigt, bei Spurenanalyse angereichert.

Wichtig: Die Aufbereitungsschritte müssen reproduzierbar und wiederholbar sein.

Tab. 4.1 Arbeitsschritte bei der Probenaufbereitung.

Aufarbeitungs-schritt	Beschreibung	Hinweise
Filtrieren (Abb. 4.2)	Unlösliche Stoffe, Trübungen werden durch Membranfilter (Spritzenfilter) entfernt.	www.millipore.com www.sartorius.com
Fest-flüssig-Extraktion (Abb. 4.5)	Aus Feststoffen wird diskontinuierlich oder kontinuierlich (Soxhlet) die zu untersuchende Substanz herausgelöst.	www.de.fishersci.com Fischer scientific bietet einen guten Online Katalog
Einengen-Abdampfen (Abb. 4.3)	Um die Nachweisgrenze zu erhöhen, werden Lösungen im Vakuum eingeengt.	www.buchi.com Info zum Thema Rotavapor Bezug über den Laborhandel
Flüssig-flüssig-Extraktion	Verteilung durch mehrmaliges Ausschütteln zum Beispiel in *n*-Hexan und Wasser. Beide Schichten können untersucht werden.	www.laborbedarf.de Wenzel Laborbedarf
Festphasenextraktion (Abb. 4.4)	Die Substanz wird in einer kleinen „Säule" adsorbiert und mit entsprechenden Lösungsmittel die gewünschte Fraktion wieder herausgelöst.	www.separtis.com www.biotage.com www.camac.com bieten Applikationen an
Fällung	Bei Prozesskontrolle werden die Syntheseprodukte oft durch Fällung von der Reaktionslösung getrennt.	Die Fällung wird abfiltriert und für die DC aufgelöst.

Die Lösung der Probe und das Fließmittel sollten nach Möglichkeit identisch oder ähnlich sein.

Siehe auch unter Abschnitt 6.7.

4.2 DC: Probeaufbereitung

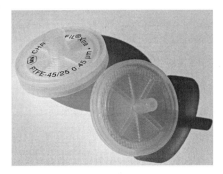

Abb. 4.2 Filtration mit Spritzenfilter (Macherey & Nagel).

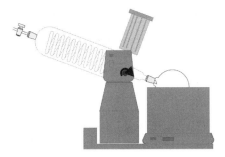

Abb. 4.3 Vakuum-Rotationsverdampfer.

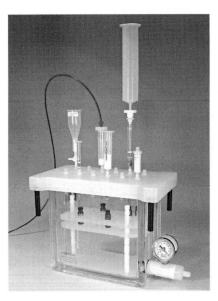

Abb. 4.4 Festphasenextraktion (SPE) mit Vakuumkammer (Macherey & Nagel).

Abb. 4.5 Kontinuierliche Fest-Flüssig-Extraktion (Soxhlet, Duran R).

4.3
DC: Probedosierung

Das Dosieren der Probe ist der erste und für die Qualität der Chromatographie entscheidende Schritt im Arbeitsablauf.

Platte vorbereiten
Auf der beschichteten Platte werden mit einem weichen Bleistift die Einteilungen und Beschriftungen für die Proben eingezeichnet. Die Trennschicht sollte dabei nicht beschädigt werden. Eine Auftrageschablone mit Lineal erleichtert dies wesentlich (Abb. 4.6 a).

- Auftragepunkte auf einer Linie ca. 1,5–2,5 cm vom unteren Rand einzeichnen
  (HPTLC ~ 1 cm/Präparativ ~ 2–3 cm)
- seitlicher Abstand der Punkte zueinander ca. 1–2 cm
  (HPLTC ~ 5 mm/Präparativ Linie aufgetragen)
- gewünschte Laufmittelfront ca. 10–15 cm einzeichnen
  (HPLTC ~ 7 cm)
- eingezeichnete Auftragepunkte am oberen Rand kurz beschriften
  (z. B. Standard 1 = St1, Probe 1 = Pr1 ...)

Probelösung auftragen
Das Auftragen kann manuell, halbautomatisch oder vollautomatisch erfolgen (Abb. 4.7–4.10).

Die Auftragemenge liegt bei 1–5 µl (HPLTC 100–500 nl) einer 0,01–1%igen Lösung. Bei der präparativen DC können strichförmig bis zu 200 mg Substanz aufgetragen werden.

Art des Auftragens:
- Punktförmig: Die herkömmliche Art des Auftragens mit Einwegkapillaren oder automatischem Auftragegerät. Fleckengröße < 5 mm (HPLTC 1–2 mm)
- Bandenförmig: Beim bandenförmigen **Aufsprühen** wird die Ausdehnung der Flecken in die Laufrichtung gering gehalten und dadurch die Auflösung verbessert. Nachteil ist eine geringere Probenanzahl pro Platte. Automatisch ist auch ein rechteckiges Auftragen möglich (Abb. 4.6).
- Strichförmig: Die Probelösung wird entlang eines Lineals strichförmig aufgetragen. Anwendung findet diese Methode bei der präparativen DC.

Trägerplatte trocknen
Nach dem Auftragen wird der Startfleck im **Luftstrom** oder auf einer geeigneten Heizplatte getrocknet.

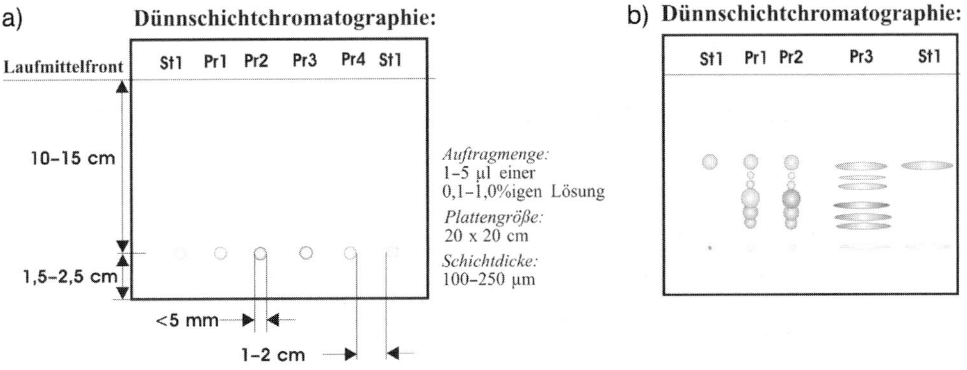

4.3 DC: Probedosierung | 65

a) **Dünnschichtchromatographie:**

Laufmittelfront   St1 Pr1 Pr2 Pr3 Pr4 St1

10–15 cm

Auftragmenge:
1–5 µl einer
0,1–1,0%igen Lösung
Plattengröße:
20 x 20 cm
Schichtdicke:
100–250 µm

1,5–2,5 cm

<5 mm

1–2 cm

b) **Dünnschichtchromatographie:**

St1 Pr1 Pr2   Pr3   St1

Abb. 4.6 Auftragen der Probelösung: a) punktförmig, b) bandenförmig.

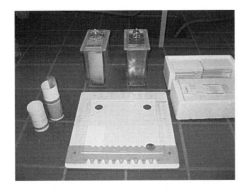

Abb. 4.7 Einfache Schablone mit Einweg-Kapillaren.

Abb. 4.8 Manuelle Auftragehilfe (Nanomat).

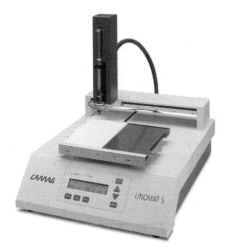

Abb. 4.9 Halbautomatisches Auftragegerät (Linomat 5).

Abb. 4.10 Vollautomatisches Auftragegerät (Automatic TLC Sampler 4).

4.4
DC: Fließmittel

Das Fließmittel ist entscheidend für den Trennmechanismus. Es löst Stoffe und wird gleichzeitig selbst vom Sorbens adsorbiert. Wichtige Parameter des Fließmittels sind:

- Reinheit
- Polarität
- Stabilität
- Viskosität
- Dampfdruck
- Giftigkeit

Fließmittel, Laufmittel, Lösungsmittel, β-Front
Häufig werden für das Fließmittel auch die Bezeichnungen Laufmittel, Lösungsmittel oder mobile Phase verwendet. Diese Begriffe können synonym sein, müssen aber nicht. Das Fließmittel ist selbst dem chromatographischen Prozess unterworfen; deshalb kann sich das Ausgangsgemisch vom Laufmittel und der mobilen Phase unterscheiden. Unter Lösungsmittel wird die zum Auflösen der Probe verwendete Flüssigkeit verstanden.

Sind die Polaritätsunterschiede der Fließmittelkomponenten zu groß, so kommt es bei der Chromatographie zur Ausbildung einer β-Front: Die Lösungsmittel werden auf der Trägerplatte wieder entmischt.

Kammersättigung
In einer Entwicklungskammer finden folgende Prozesse statt (siehe dazu Abb. 4.11):

- Zwischen Fließmittel und Gasphase stellt sich ein Gleichgewicht ein.
- Die trockene stationäre Phase adsorbiert Moleküle aus der Gasphase.
- An der bereits feuchten stationären Phase werden Fließmittelkomponenten an die Gasphase abgegeben.
- Die stationäre Phase trennt das Fließmittel auf (β-Front).

Die Verteilungsprozesse zwischen stationärer, mobiler und Gasphase können durch Vorkonditionieren der Entwicklungskammer (Auskleiden mit Filterpapier und 10 min warten, bis sich die Kammersättigung eingestellt hat) oder der Platte (Einstellen in die Gasphase ohne Berührung mit dem Fließmittel) beeinflusst werden.

Reproduzierbare Ergebnisse können nur erhalten werden, wenn Kammergeometrie und Sättigung möglichst konstant gehalten werden. Es ist davon auszugehen, dass jede Kammer ein anderes Ergebnis liefert.

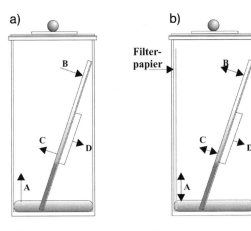

Abb. 4.11 Vorgänge in der Entwicklungskammer:
a) Normalkammer ohne Kammersättigung,
b) Normalkammer mit Kammersättigung,
c) Doppeltrogkammer für Vorkonditionierung.

Tab. 4.2 Elutionskraft der Lösungsmittel auf verschiedenen stationären Phasen.

Lösungsmittel	Al_2O_3	SiO_2	MgO	Florisil	Viskosität mPa
Pentan	0,00	0,00	0,00	0,00	0,23
Hexan	0,01	0,03	–	–	0,33
Cyclohexan	0,04	0,03	–	–	1,00
Tetrachlormethan	0,18	0,11	0,16	0,04	0,85
Diisopropylether	0,28	0,21	–	–	0,37
Benzol	0,32	0,25	0,22	0,17	0,65
Diethylether	0,80	0,38	0,21	0,30	0,24
Chloroform	0,40	0,26	0,26	0,19	0,57
Dichlormethan	0,42	0,32	0,26	0,23	0,44
Aceton	0,56	0,47	0,50	–	0,32
1,4-Dioxan	0,56	0,49	–	–	1,54
Essigsäureethylester	0,58	0,38	–	–	0,45
Acetonitril	0,65	0,50	–	–	0,37
Pyridin	0,71	–	> 0,7	–	0,94
Ethanol	0,88	–	–	–	1,20
Methanol	0,95	0,73	–	–	0,60
Wasser	> 1	–	–	–	1,00

4.5
DC: Trennschicht

Die Trennmaterialen (eventuell versetzt mit Bindemittel und Indikator) werden auf Glas, Metall oder Folie als Schicht aufgetragen und durch Trocknen fixiert. Die Schichtdicke beträgt ca. 100–250 µm bei Normal-DC und HPTLC sowie 0,5–2 mm bei präparativer DC (Abb. 4.12).

Physikalische Struktur und Trennleistung
Die physikalischen Parameter (R_f-Wert und theoretische Böden N) bestimmen die Trennleistung eines Adsorbens.

- Korngröße und Verteilung: Je kleiner die Partikel und je enger die Korngrößenverteilung, desto besser ist die Trennleistung. Üblich sind 10–40 µm (normale DC) und 3–10 µm (HPTLC).
- Innere und äußere Oberfläche: Große Oberfläche erlaubt intensive Wechselwirkung und damit große Adsorptionskraft. Handelsübliche Silicagele haben Oberflächen von 400–600 m²/g.
- Porengröße und Form: Sind die Poren zu klein, kann das Laufmittel nur schlecht eindringen, sind die Poren zu groß, kommt es zu einer Fleckenverbreiterung. Am besten geeignet: Mesoporen (3–25 µm).
- Schichtdicke: Die Schichtdicke und die Packungsdichte entscheiden über die Substanzmenge, die aufgetragen werden kann. Auch Konzentrierzonen (unterer Bereich) sind im Handel erhältlich.

Chemische Struktur und Selektivität
Die chemische Struktur (Abb. 4.13) bestimmt die Selektivität des Systems (wie weit sind die Flecken oder Peaks voneinander getrennt?). Grundsätzlich wird in polar, mittelpolar und unpolar eingeteilt.

Polarität	polar *hydrophil* Normalphase	mittelpolar *modifizierte Phase*	unpolar *lipophil* RP (Reverse Phase) Umkehrphase
Trennmittel	Kieselgel Aluminiumoxid Cellulose	CH-, Diol-, NH_2- und chirale Phasen	silanisierte Kieselgele C1, C8, C18, RP2, RP8, RP18
Fließmittel	unpolar mit polaren Zusätzen	unpolar bis polar	polar Methanol/Wasser Acetonitril/Wasser

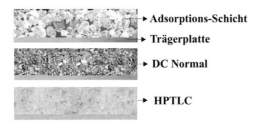

→ Adsorptions-Schicht
→ Trägerplatte
→ DC Normal
→ HPTLC

Abb. 4.12 Strukturen verschiedener Trennschichten.

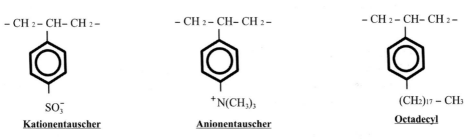

OH = Silanolgruppe kann chemisch verändert werden

Abb. 4.13 Chemische Strukturen von Trennmaterialien.

4.6
DC: Methodenwahl

Zum Ermitteln von geeigneten Trennbedingungen gibt es eine Reihe allgemeiner Regeln. Die Wahl der Methode erfolgt empirisch (durch Ausprobieren).

- **Literatursuche:** Gibt es bereits eine Methode für diese Substanz oder Substanzgruppe? Kann eine bestehende Methode abgewandelt werden? Internet, Pharm Eu oder Analytical Abstract können Antworten liefern.
- **Info über Probe:** Wissen über Struktur und Polarität kann die Abschätzung der erforderlichen Elutionskraft erleichtern.
- **Stahl'sches Dreieck:** Aktivität der stationären Phase, Polarität der mobilen Phase und Polarität der Probe stehen im direkten Zusammenhang, der graphisch durch das Stahl'sche Dreieck dargestellt wird (Abb. 4.14).
- **Mikrozirkulartechnik:** Wird auch als Spot-Test bezeichnet. Dabei wird die Probelösung mehrmals aufgetragen und getrocknet. Auf die Mitte des Substanzflecks wird eine mit Lösungsmittel gefüllte Kapillare aufgesetzt und zirkular bis zu einer Größe von ca. 2 cm entwickelt. Dies wird mit Laufmitteln unterschiedlicher Polarität durchgeführt. Durch die erhaltene Auftrennung (oder auch nicht) kann eine Abschätzung brauchbarer Fließmittelgemische erfolgen (Abb. 4.15).
- **Fließmittel:** Grundsätzlich sollte ein zu großer Unterschied der Polaritäten bei Gemischen vermieden werden. Solche Gemische werden von der stationären Phase wieder entmischt und es kommt zur Ausbildung einer β-Front (Abb. 4.16).

Die aktiven Zentren eines Sorbens werden durch die Luftfeuchtigkeit innerhalb weniger Minuten desaktiviert. Die Aktivität ist daher von Luftdruck, Temperatur und Luftfeuchtigkeit abhängig.

- **Platten** nicht in der Laborluft aufbewahren.
- **Luftfeuchtigkeit** möglichst konstant halten.
- **Vorreinigung** der Schicht durch Chloroform-Methanol 1 : 1 (oder einmal mit dem späteren Laufmittel ohne Proben entwickeln).
- **Automatische Entwicklungskammern** schaffen konstante Bedingungen (Abb. 4.17).

4.6 DC: Methodenwahl | 71

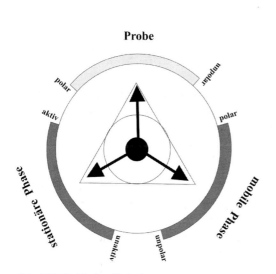

Abb. 4.14 Stahl'sches Dreieck.

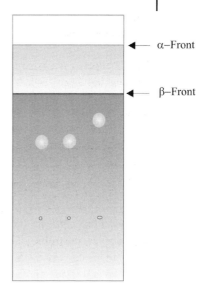

Abb. 4.16 Ausbildung einer β-Front.

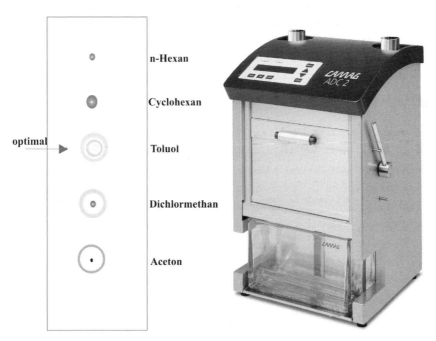

Abb. 4.15 Mikrozirkulartechnik (Spot-Test).

Abb. 4.17 Automatische Entwicklungskammer (ADC 2, CAMAG).

4.7
DC: Entwicklung

Als Entwicklung in der planaren Chromatographie wird der Transport der mobilen Phase durch Kapillarkräfte über die stationäre Phase bezeichnet, wobei es durch die Wechselwirkung der Phasen zur Auftrennung des Untersuchungsgemischs kommt.

Entwicklungsarten
- **Aufsteigend:** Diese Entwicklungsart ist am gebräuchlichsten. Dabei wird die DC-Platte so in ein Fließmittel eingestellt, dass die Auftragepunkte nicht benetzt werden (Abb. 4.18–4.20). Durch die Kapillarkräfte wandert das Fließmittel nach oben (DC 10–15 cm, HPTLC 3–7 cm). Bei Erreichen der Laufmittelhöhe wird die Platte herausgenommen, die Front angezeichnet und die Platte getrocknet.
- **Zweidimensional:** Bei dieser Methode wird nur ein Substanzpunkt in einer Ecke der Platte aufgetragen und entwickelt. Nach dem Trocknen wird die Platte um 90° gedreht und mit demselben oder einem anderen Laufmittel neu entwickelt. An einem Seitenstreifen kann ein Vergleich mitlaufen (Abb. 4.21).
- **Horizontal:** Auf eine liegende Platte wird über einen Kapillarspalt Fließmittel aufgebracht. Vorteile sind der geringe Lösungsmittelverbrauch und die mögliche Entwicklung von zwei Seiten (doppelte Probenanzahl!) (Abb. 4.22).
- **Radial:** Diese Entwicklungsart wird u. a. als Spot-Test eingesetzt; besonders gut geeignet bei geringem R_f-Wert.
- **Mehrfachentwicklung:** Bei der Mehrfachentwicklung wird mehrfach mit verschiedenen Laufmitteln entwickelt, getrocknet und wieder entwickelt. Die Punkte werden dadurch schmal und eine bessere Trennleistung ist zu erwarten. Eine automatische Entwicklungskammer (AMD Automatic Multiple Development, Abb. 4.23) ist dabei von Vorteil.
- **Sandwichverfahren:** Um die Wechselwirkung von Gasphase und stationärer Phase während der Analyse möglichst konstant zu halten, wird mit kleinen Abstandhaltern eine Glasplatte über die DC-Platte geklemmt. Diese Deckplatte schützt die DC-Schicht vor anderen Einflüssen und das System wird reproduzierbarer. Diese Deckplatte sollte jedoch das Laufmittel nicht berühren. Auch eine mit Laufmittel gesättigte zweite DC-Platte kann verwendet werden, um gesättigte Bedingungen zu stabilisieren.

Bei allen Entwicklungsvorgängen ist eine konstante Temperatur entscheidend.
Sonneneinstrahlung verhindern!

4.7 DC: Entwicklung | 73

Abb. 4.18 Normalkammern mit und ohne Filterpapier.

Abb. 4.19 Normalkammer.

Abb. 4.20 Doppeltrogkammern.

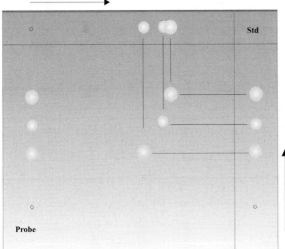

Abb. 4.21 Zweidimensionale Entwicklung.

Abb. 4.22 Horizontale Entwicklungskammer.

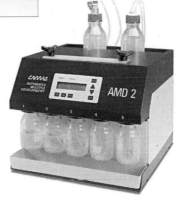

Abb. 4.23 Automatisierte Mehrfachentwicklung (AMD 2, CAMAG).

4.8
DC: Detektion und Nachweise

Nach der Entwicklung wird das Laufmittel abgetrocknet und das DC ausgewertet (Abb. 4.24). Im einfachsten Fall sind die Substanzflecken bei Tageslicht oder im UV-Licht (254 nm oder 366 nm) sichtbar. Durch einen Fluoreszenzindikator (F254), der in die Trägerschicht eingearbeitet ist, können ebenfalls viele Substanzen sichtbar gemacht werden. Die DC bietet außerdem die Möglichkeit, mittels Nachweisreaktionen Substanzen detektierbar (sichtbar) zu machen und die Nachweisgrenze zu erhöhen.

Nachweisreagenzien (siehe Tab. 4.3)
Nachweisreagenzien können durch **Tauchen**, **Sprühen** oder **Begasen** aufgebracht werden. Die Reaktion wird oft durch anschließendes Trocknen bei 110 °C beschleunigt. Bei quantitativer Auswertung ist das Tauchverfahren vorzuziehen. Immer wird dabei die Struktur der Untersuchungssubstanz verändert.

Gängige Sprühlösungen werden vom Chemiefachhandel (z. B. Merck) fertig angeboten. Viele Lösungen müssen frisch zubereitet werden. Die genaue Vorbereitung wird in der Methode angegeben.

Tab. 4.3 Nachweisreagenzien.

Reagens	Herstellung	Substanzengruppe
Ninhydrin	0,2 % Ninhydrin/Ethanol *oder* 0,3 % Ninhydrin/100 ml *n*-Butanol/3 ml Eisessig	Aminosäuren, Amine, Peptide, Proteine
Ioddämpfe	Iod in verschlossener Entwicklungskammer	Universalreagens
Chlordämpfe	Chlor aus $KMnO_4$ und HCl erzeugen, anschließend mit KI-Stärke-Lösung sprühen	Säureamide
Vanillin Schwefelsäure	0,5 % Vanilin/Ethanol + 10 Teile H_2SO_4 konz. *oder* 1 % Vanillin/Ethanol + 3 % Perchlorsäure/Wasser 1 : 1	höhere Alkohole, Steroide, etherische Öle, Ketosen, Aldosen
Kaliumpermanganat	1 % $KMnO_4$/Wasser + 0,25 % Natriumcarbonat/Wasser 1 : 1	Zucker, Polycarbonsäuren, ungesättigte Verbindungen
Bromphenolblau	0,12 % in Ethanol	organische Säuren
Eisen(III)-chlorid	5 % $FeCl_3$/Ethanol	Phenole
Dragendorff-Reagens	Lsg. A: 850 mg Bismutnitrat/40 ml Wasser/10 ml Eisessig; Lsg. B: 800 mg KI/20 ml Wasser 10 ml Lsg. A + B mit 20 ml Eisessig und 100 ml Wasser kurz vor dem Sprühen ansetzen	Alkaloide

4.8 DC: Detektion und Nachweise | 75

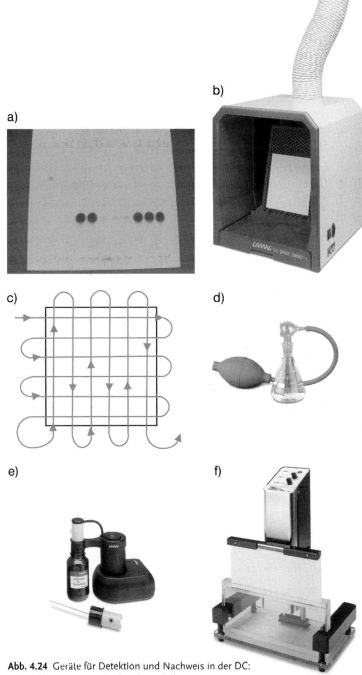

Abb. 4.24 Geräte für Detektion und Nachweis in der DC:
a) Detektion im UV-Licht, b) Absaugkabine,
c) gleichmäßiges Verteilen des Sprühnebels über die Platte, d) einfache Sprühvorrichtung,
e) DC/HPTLC-Sprühgerät (CAMAG), f) Tauchvorrichtung (CAMAG).

4.9
DC: Auswertung und Dokumentation

In einem komplett ausgestatteten Labor sollten zur Auswertung und Dokumentation ein Densitometer (DC-Scanner) und eine elektronische Bilderfassung vorhanden sein.

Man unterscheidet qualitative, halbquantitative und quantitative Auswertung.

- **Qualitativ:** Zur Reaktionskontrolle bei Synthesen (häufigstes Anwendungsgebiet der DC). Ausgewertet wird visuell: R_f-Wert, Farbe, Intensität, UV- bzw. Fluoreszenzlöschung; Reaktionen durch Derivatisierung (Abb. 4.25). Die Vergleichslösungen sind auf derselben Platte aufgetragen. Sprühreagenzien verschlechtern die quantitative Auswertbarkeit.

- **Halbquantitativ:** Dieses Verfahren gibt vor allem Auskunft über das Erreichen von Grenzwerten. Eine Auswertung erfolgt über Vergleich zu Verdünnungsreihen. Bestimmt wird Farbintensität, Fluoreszenzintensität oder Fleckengröße. Die Genauigkeit liegt bei etwa 10 %. Halbquantitativ ist auch die Digitalfotoauswertung (Abb. 4.27).

- **Quantitativ:**
    - Die **indirekte** Auswertung erfolgt durch Ablösen eines Flecks von der Platte und externe Bestimmung des Gehalts (Titrimetrie, Photometrie usw.).
    - Die **direkte** Auswertung erfolgt durch Abscannen mittels Densitometer. Dabei werden die Flecken auf der Platte mit entsprechender Wellenlänge gescannt und mit dem Untergrund und Standardflecken auf derselben Platte verglichen. Aus Flecken werden dabei Peakkurven, die nach denselben Regeln wie bei HPLC und GC ausgewertet werden können (Abb. 4.26).

Densitometrie
Die Stärken der Densitometrie liegen in der spektralen Selektivität (190–800 nm) für die Messdatenerfassung; so können optimale Messwellenlängen gewählt werden. Die Identifizierung und die quantitative Auswertung werden erleichtert (Abb. 4.30). Spektrenbibliotheken (Abb. 4.29) können angelegt werden, die eine spätere Identifizierung weiter unterstützen.

Elektronische Bilderfassung
Die Vorteile der Bilderfassung sind der Gesamtüberblick über alle Proben auf einer Platte, der leichte Zugriff auf archivierte Daten und die geringen Kosten. Ein Nachteil ist, dass quantitative Aussagen nur in den Bereichen „sichtbar", 254 nm und 366 nm sinnvoll sind.

Dokumentation
Auch bei der planaren Chromatographie müssen alle Parameter der Analyse dokumentiert werden. Ein Hilfsmittel dazu ist die elektronische Datenerfassung (winCATS von CAMAG, Abb. 4.28).

4.9 DC: Auswertung und Dokumentation

Abb. 4.25 UV-Kanine für visuelle Auswertung.

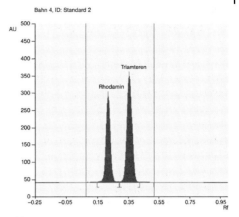

Abb. 4.26 Densitometer-Auswertung.

Abb. 4.27 CCD-Kamera DigiStore 2.

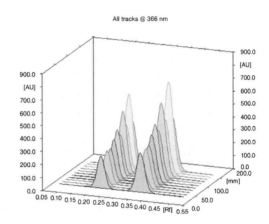

Abb. 4.28 Oberfläche winCats (CAMAG).

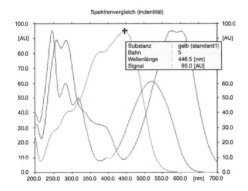

Abb. 4.29 Spektrenvergleich.

Abb. 4.30 TLC Scanner 3 mit Software winCats (CAMAG).

4.10
DC: Beispiel für SOP

In einer Standard-Arbeitsanweisung (SOP) werden alle Arbeitsabläufe beschrieben, die im DC-Labor eine Rolle spielen. Arbeitsschritte, die bereits in anderen SOPs erfasst werden, sind jeweils ausgenommen.

Arbeitsabläufe Dünnschichtchromatographie-Labor
SOP DC8/2004 Version 2
Gültig ab: 19.08.2004
Prüfleiter/Ersteller: Gerhard Ehrlich
Erstellt am: 02.06.2004
Qualitätssicherungsüberprüfung von: Dr. Feingehalt
Überprüft am: 18.08.2004
Nächste Überprüfung: 08/2006

Diese SOP gilt für alle Mitarbeiter des Dünnschichtchromatographie-Labors.

Probevorbereitung
Alle Proben und Standards werden auf der Analysenwaage auf 0,1 mg genau eingewogen, Das Lösungsmittel wird mit einer variablen Eppendorfpipette zugegeben. Zum Lösen der Proben kann (wenn in der Methode nicht anders bestimmt) leicht erwärmt werden. Alle Standard- und Probelösungen werden täglich neu zubereitet. Alle weiteren Probevorbereitungsmaßnahmen, wie Filtrieren, Extrahieren oder Festphasenextraktion, werden in der Methode angegeben.

Probedosierung
Die Probedosierung auf die DC-Platte erfolgt mit Einwegkapillaren am unteren Ende der Platte. Um die Auftragpunkte klein zu halten, kann mit einem Heißluftföhn die Verdunstung während des Auftragens gefördert werden. Die Auftragepunkte werden vorher mit Bleistift 2 cm vom unteren Rand entfernt angezeichnet. Außerdem wird am oberen Rand der Platte die Bezeichnung des Standards oder der Probe vermerkt. Die Auftragereihenfolge wird in der Methode angegeben.

Trennschicht, Laufmittel
Als Trennschichten kommen handelsübliche Träger und Trägermaterialien zum Einsatz. Die Lagerung der DC-Platten erfolgt außerhalb des Labors, um unerwünschte Absorptionen aus der Luft zu vermeiden. Alle Laufmittel werden täglich frisch bereitet und in höchstmöglichster Reinheit (HPLC-Grad) verwendet. Alle Laufmittel werden in einen Kanister mit der Aufschrift „LM-Abfall" entsorgt. Kammersättigung, Trennschicht und Laufmittel sowie Laufhöhe werden in der Methode angegeben.

Methoden

Die Methodenbeschreibung enthält Angaben und Vorschriften zu Probenaufbereitung, Standard- oder Vergleichslösung, Sorptionsschicht, Fließmittel, Laufstrecke, Laufzeit, Auftragevolumen, Detektion, Sprühreagenzien und Hinweise. Externe Methoden aus verschiedenen Quellen werden zuerst implementiert, d. h. ausprobiert, und eine Methodenkarte wird erstellt. Die Methodenkarte ist Teil der SOP und wird vom Prüfleiter in der QS-Abteilung genehmigt.

Detektion, Auswertung, Dokumentation

Nach dem Entwickeln der Platte wird die Laufmittelfront mit einem weichen Bleistift angezeichnet. Anschließend wird die Platte in einem warmen Luftstrom oder Trockenschrank getrocknet. Die Auswertung erfolgt über UV-Detektion oder Sprühreagens. Das Sprühen der Platten darf aus gesundheitlichen Gründen nur in der dafür vorgesehenen Absaug-Sprühkammer erfolgen.

Die Auswertung erfolgt visuell und die Ergebnisse werden im Laborjournal dokumentiert. Außerdem werden die Platten mit der DigiCam (Camag) fotografiert und in den entsprechenden Ordnern mit Produktbezeichnung, Datum und laufender Nummer abgelegt.

Allgemeines

Alle Abschlussdokumente müssen von einem zweiten Mitarbeiter geprüft werden, um Verwechslungen auszuschließen. Alle Abweichungen von dieser SOP oder von dem erwarteten Ergebnis sind sofort dem Prüfleiter zur Kenntnis zu bringen.

Diese SOP wurde am 20.08.2004 an alle Mitarbeiter des DC Labors ausgegeben. Es erfolgte eine Schulung durch den Prüfleiter. Die nächste Nachschulung findet bei Bedarf, spätestens aber 08/2005 statt.

Gerhard Ehrlich	Dr. Feingehalt
Prüfleiter	Leiter der Qualitätssicherung

Schulung bestätigt:
20.08.2004 Sonja Kreuzschnabel
20.08.2004 Jutta Blaumeise
09.09.2004 Doris Eichelhäher

4.11
DC: Anwendungsbeispiele

4.11.1
DC: Beispiel I

Coffeinbestimmung in Getränken	Methode C001

Standardlösung
2,5 mg Coffein (Referenzsubstanz) in 5-ml-Messkolben mit Methanol lösen (1. Verdünnung), davon 1/10 in Methanol weiterverdünnen (2. Verdünnung).
Std 1: 2 µl 1.Verdünnung = 1,0 mg/ml Coffein
Std 2: 1 µl 1.Verdünnung = 0,5 mg/ml Coffein
Std 3: 2 µl 2.Verdünnung = 0,1 mg/ml Coffein
Std 4: 1 µl 2.Verdünnung = 0,05 mg/ml Coffein

Probevorbereitung
Als Proben werden Kaffee, Tee, Energy-Drink und Coca-Cola verwendet. Alle Proben werden durch ein 4-µm-Spritzenfilter filtriert und unverdünnt aufgetragen.
Auftragevolumen: 1 µl

Stationäre Phase
Kieselgel 60 F_{254} Kammersättigung

Mobile Phase

Chloroform stabilisiert mit 1 % Ethanol	85
Methanol	14
Ammoniak konz.	1
Laufstrecke: 10 cm	**Laufzeit:** 25 min

Entwicklung
Nach der Entwicklung wird die Platte 10 min an der Luft getrocknet und mit zwei Lösungen besprüht.
Sprühreagens zur Unterscheidung von Coffein (rotbraun) und Phenazon (braunrot):
Lösung I: 0,1 g KI + 0,2 g I_2 in 10 ml Ethanol
Lösung II: 5 ml HCl (25 %) + 5 ml Ethanol

Detektion
UV 254 nm; Coffein ergibt dunkelviolette Banden. Auswertung erfolgt durch Vergleich mit den Standardlösungen.

R_f-Werte:

Coffein	0,60	Theophyllin	0,30
Phenazon	0,55	Theobromin	0,40

Bemerkungen:
Als Ergebnisse für Coffein sind zu erwarten:
Kaffee ca. 0,3–1,0 mg/ml   Tee ca. 0,3–0,7 mg/ml
Kakao ca. 0,02–0,05 mg/ml   Energy Drink ca. 0,4 mg/ml
Coca Cola ca. 0,1 mg/ml

4.11.2
DC: Beispiel II

Untersuchung von Birkenblättern DAB8/141

Standardlösung
10 mg Chlorogensäure und 10 mg Hyperosid in einen 10-ml-Messkolben mit Methanol lösen

Probevorbereitung
1000 mg Birkenblätter getrocknet werden in 20 ml Methanol 15 min bei 60 °C erwärmt, abgekühlt und auf 25 ml mit Methanol aufgefüllt. Mit Mikrofilter 4 µm filtrieren.
Auftragevolumen: 10 µl strichförmig

Stationäre Phase
Kieselgel 60 F_{254} Kammersättigung

Mobile Phase

n-Buthanol	66
Essigsäure konz.	14
Wasser	21

Laufstrecke: 10 cm   **Laufzeit:** ca. 120 min

Entwicklung
Nach der Entwicklung wird die Platte bei 150 °C getrocknet.

Detektion
Besprühen mit Sprühreagens Diphenylboryloxyethylamin (1 g in 100 ml Methanol), Auswertung im UV bei 365 nm

R_f-Werte:

Chlorogensäure	0,18	türkis
Hyperosid	0,56	orange
Quercitrin	0,65	gelborange

Darstellung: Abb. 4.31

4.11.3
DC: Beispiel III

Morphin-Alkaloide — DAB 8/347

Standardlösung
25 mg Morphin/HCl, 10 mg Codeinphosphat in 25 ml Ethanol/Wasser 1 : 1 gelöst.

Probevorbereitung
Morphinampulle 1 mg/ml direkt oder 100 mg Opium in 10 ml Ethanol/Wasser 1 : 1 bei 60 °C gelöst.
Auftragevolumen: 5 µl

Stationäre Phase
Kieselgel 60 F254 Kammersättigung

Mobile Phase

Methylenchlorid	59
Aceton	39
Ammoniak konz.	2

Laufstrecke: 10 cm   **Laufzeit:** ca. 20 min

Entwicklung
Nach der Entwicklung wird die Platte bei 150 °C getrocknet.

Detektion
Besprühen mit Sprühreagens Dragendorff
qualitative Auswertung durch Vergleich der R_f-Werte

Sprühreagens Dragendorff
Lsg. A 850 mg Bismutnitrat/40 ml Wasser/10 ml Eisessig
Lsg. B 800 mg KI/20 ml Wasser
10 ml Lsg. A + B mit 20 ml Eisessig und 100 ml Wasser kurz vor dem Sprühen versetzen.

R_f-Werte:

Morphin	0,06
Codein	0,17
Thebain	0,37
Papaverin	0,62
Noscapin	0,75

Darstellung: Abb. 4.32

4.11.4
DC: Beispiel IV

| Organische Säuren in Wein | Macherey und Nagel |

Standardlösung
je 50 mg Weinsäure, Milchsäure, Äpfelsäure und Bernsteinsäure in 25 ml Wasser lösen

Probevorbereitung
Wein direkt
Auftragevolumen: 5 µl

Stationäre Phase
Polygram SIL G (MN Nr. 805032) Kammersättigung

Mobile Phase
Toluol   50
Essigsäure konz.   25
n-Butylacetat   25
Laufstrecke: 10 cm   **Laufzeit:** ca. 15 min

Entwicklung
Nach der Entwicklung wird die Platte bei 100 °C getrocknet.

Detektion
Besprühen mit Sprühreagens Bromcresolgrün (2 mg/ml Ethanol), besprühte Platte im kalten Luftstrom trocknen.

R_f-Werte:

Weinsäure	0,00 Startbande
Äpfelsäure	0,24
Milchsäure	0,48
Bernsteinsäure	0,72

Darstellung: Abb. 4.33

4.11.5
DC: Beispiel V

Trennung mehrbasiger Carbonsäuren — VCH242DC

Standardlösung
10 mg Citronensäure, Milchsäure, Phthalsäure in 25 ml Ethanol/Wasser 1 : 1
Auftragevolumen: 3 µl

Probevorbereitung
Gemisch mit Salicylsäure 10 mg in Ethanol/Wasser 1 : 1
Auftragevolumen: 1 µl, 2 µl, 5 µl

Stationäre Phase
Kieselgel 60 (Merck) Kammersättigung

Mobile Phase

Diisopropylether	90
Ameisensäure	7
Wasser	3

Laufstrecke: 10 cm **Laufzeit:** ca. 30 min

Entwicklung
Nach der Entwicklung wird die Platte 10 min bei 100 °C getrocknet.

Detektion
Die getrocknete Platte wird 1 s in Bromcresolpurpur-Reagens getaucht. Carbonsäuren ergeben gelbe Banden auf gelben Untergrund.

Bromcresolpurpur-Reagens
40 mg Bromcresolpurpur werden in 100 ml Ethanol/Wasser 1 : 1 gelöst und mit 0,1 M NaOH auf pH = 10,0 eingestellt.

R_f-Werte:

Citronensäure	0,05
Milchsäure	0,30
Phthalsäure	0,47
Salicylsäure	0,82

Darstellung: Abb. 4.34

4.11.6
DC: Beispiel VI

Etherische Öle — VCH 18DC

Standardlösung
2 mg Menthol in 2 ml Ethanol abs.

Probevorbereitung
handelsübliche Parfümprodukte
Auftragvolumen: 1 µl, 2 µl, 5 µl

Stationäre Phase
HPTLC-Fertigplatte Kieselgel 60F_{254} (Merck) Kammersättigung

Mobile Phase
Toluol   50
Chloroform   50
Laufstrecke: 2-mal 6 cm mit Zwischentrocknung im kalten Luftstrom
Laufzeit: 2-mal 10 min

Entwicklung
Die Platte wird im Luftstrom getrocknet.

Detektion
Die getrocknete Platte wird 1s in die Tauchlösung getaucht und anschließend 10 min bei 100 °C getrocknet.

Tauchlösung
1 ml 4-Methoxybenzaldehyd und 2 ml H_2SO_4 konz. in 100 ml Essigsäure 100 %

R_f-Werte und Farben:

Menthol	0,15	blau
Caryophyllenepoxid	0,22	rotviolett
Thymol	0,45	ziegelrot
Menthylacetat	0,55	blau
Caryophyllen	0,90	rotviolett

Darstellung: Abb. 4.35

4.11.7
DC: Beispiel VII

Vitamine wasserlöslich MN 401770

Standardlösung
2 mg Pyridoxinhydrochlorid (B_6), 2 mg Thiaminhydrochlorid (B_1), 2 mg Cyanocobalamin (B_{12}) in 10 ml Wasser lösen.

Probevorbereitung
1 Vitamintablette in 10 ml Wasser 30 min im Ultraschall lösen. Die Hilfsstoffe abfiltrieren und das Filtrat auftragen.
Auftragevolumen: 1 µl

Stationäre Phase
HPTLC-Glasplatte Nano-SIL NH2/UV Kammersättigung

Mobile Phase

Acetonitril	70
Wasser	30

Laufstrecke: 7 cm   **Laufzeit:** 30 min

Entwicklung
Die Platte wird im kalten Luftstrom getrocknet.

Detektion
Auswertung im UV-Licht bei 254 nm oder mit TLC-Densitometer

R_f-Werte:

B_6 Pyridoxin	0,30
B_{12} Cobalamin	0,55
B_1 Thiamin	0,87

Darstellung: Abb. 4.36

4.11.8
DC: Beispiel VIII

Aminosäuren in Kartoffelsaft — CamagA-11.4

Standardlösung
Aminosäurestandard 1 mg/ml in Wasser
1 ml Aminosäurestandard mit 1 ml Dansylchlorid-Lösung (75 mg in 30 ml Aceton) mischen und 16 h im Dunkeln stehen lassen, dann mit Aceton/Wasser 70 : 30 auf 100 ml auffüllen.
Auftragevolumen: 1 µl, 2 µl, 3 µl, 4 µl, 5 µl, 6 µl (10–60 ng) bandförmig (Linomat)

Probevorbereitung
Lsg. 1: 3 ml Kartoffelsaft in 10 ml Ethanol durchrühren und Niederschlag abfiltrieren. Die Lösung bei 40 °C mit Rotationsverdampfer eindampfen, Rückstand in 3 ml Wasser aufnehmen.
Zu 1 ml von Lsg. 1 0,5 ml Dansylchlorid-Lösung zugeben und mit Natriumbicarbonat-Lösung (1%ig) auf pH 8 stellen. 16 h im Dunkeln stehen lassen, dann mit Aceton/Wasser 70 : 30 auf 10 ml auffüllen.
Auftragevolumen: 5 µl bandförmig (Linomat)

Stationäre Phase
HPTLC Silicagel Merck 60F254 20x10 Kammersättigung

Mobile Phase
5 g Titriplex III (Ethylendiamintetraacetat-di-Natrium) in 50 ml Wasser lösen, 1 M NaOH auf pH 9 stellen (Lösung wird klar).
Im Schütteltrichter 10 ml *n*-Butanol und 35 ml Diethylether zugeben und schütteln. Die obere Phase (Ether) wird als Laufmittel verwendet.
Laufstrecke: 2-mal 8 cm   **Laufzeit:** 2-mal 10 min

Entwicklung
Die Platte wird doppelt entwickelt und dazwischen im kalten Luftstrom getrocknet.

Detektion
Auswertung im UV-Licht bei 366 nm oder mittels TLC-Densitometer (313 nm) Durch Tauchen in Paraffin/nHexan 2 : 5 kann die Nachweisgrenze um das 3- bis 4-fache erhöht werden.

R_f-Werte:

Arginin	0,07	Phenylalanin	0,61
Dansylchlorid	0,24	Tryptophan	0,68
Threonin	0,29	Valin	0,73
Glycin	0,36	Leucin	0,79
Alanin	0,53		

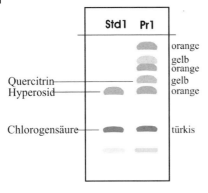

Abb. 4.31 DC von Birkenblätterextrakt.

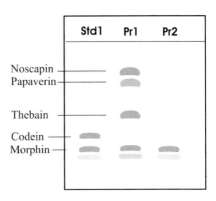

Abb. 4.32 DC von Morphinalkaloiden. Pr1: Opiumlösung, Pr2: Morphinampulle.

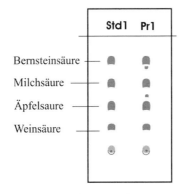

Abb. 4.33 DC der organischen Säuren in Wein.

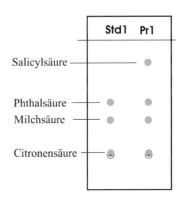

Abb. 4.34 DC einer Carbonsäure-Mischung.

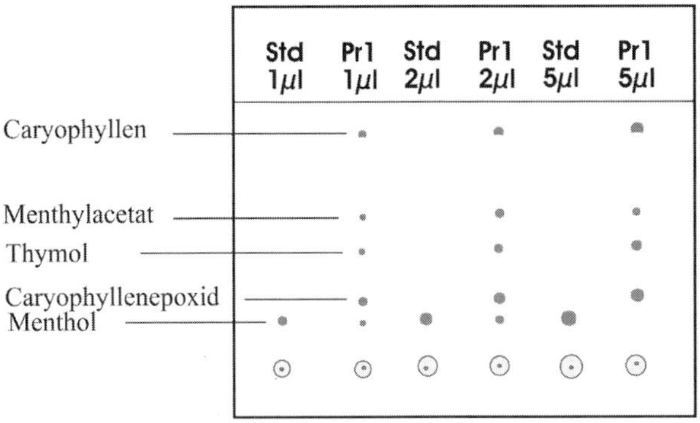

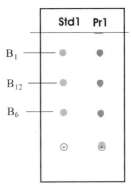

Abb. 4.35 DC einer Mischung etherischer Öle.

Abb. 4.36 DC einer Mischung der Vitamine B_1, B_6 und B_{12}.

5
Gaschromatographie (GC)

5.1
GC: Einführung und Übersicht

Die Gaschromatographie ist eine Methode der Chromatographie, die als mobile Phase ein Gas und als stationäre Phase einen Feststoff (GSC) oder eine Flüssigkeit (GLC) benutzt. Die Proben müssen flüssig oder gasförmig sein und unzersetzt verdampfbar sein oder in unzersetzbaren Derivaten vorliegen. Einen Überblick gibt Abb. 5.1.

Gaschromatographie-Gerät

Ein Gaschromatograph besteht aus 4 Teilen: Injektor, Säule, Detektor und Integrator.

- **Injektor:** Der Injektor (Einlassteil) besteht aus einem Septum, durch das die flüssige Probe manuell mit einer Spritze oder automatisch mit einem Autosampler eingespritzt wird. Außerdem verfügt der Injektor über einen Heizblock (200–350 °C), der die injizierte Lösung möglichst schnell verdampfen soll.
- **Säule:** Die chromatographische Trennung erfolgt in der stationären Phase. Diese besteht aus einer gepackten Säule aus Edelstahl oder Glas (Innendurchmesser 2–3 mm, Länge einige Meter) oder aus einer Kapillarsäule, einer dünnen Quarzglaskapillare (Innendurchmesser 0,1–1 mm, Länge 30–300 m). Alles befindet sich im Säulenofen, der die Trennung mit einem Temperaturprogramm (Abweichung ±1 °C) begleitet.
- **Detektor:** Die Messung der getrennten Substanzen erfolgt im Detektor nach der Säule. Gängige Verfahren sind der Flammenionisationsdetektor (FID), bei dem die Anzahl von Ionen in einer Knallgasflamme gemessen wird, oder die Wärmeleitfähigkeitszelle (WLD), die die Wärmeleitfähigkeit eines Gases in Abhängigkeit von seiner Zusammensetzung verfolgt. Ein großer Vorteil gegenüber anderen chromatographischen Methoden ist die Möglichkeit zur direkten Kopplung mit anderen Analysetechniken wie Massenspektrometer, IR oder NMR, wenn es um die Strukturaufklärung unbekannter Substanzen geht.
- **Integrator:** Die Auswertung der Detektorsignale erfolgt, wie allgemein in der Chromatographie, anhand der Retentionszeit (qualitativ) und der Peakflächen (quantitativ). Standard ist heute eine computerunterstützte Auswertung und Datenverwaltung.

Stahlflaschen

Die mobile Phase in der Gaschromatographie ist Argon, Stickstoff, Helium oder Wasserstoff; außerdem braucht man beim FID zur Erzeugung der Knallgasflamme Wasserstoff und synthetische Luft in Stahlflaschen.

Sicherheitsvorschriften für den Umgang mit Stahlflaschen beachten!

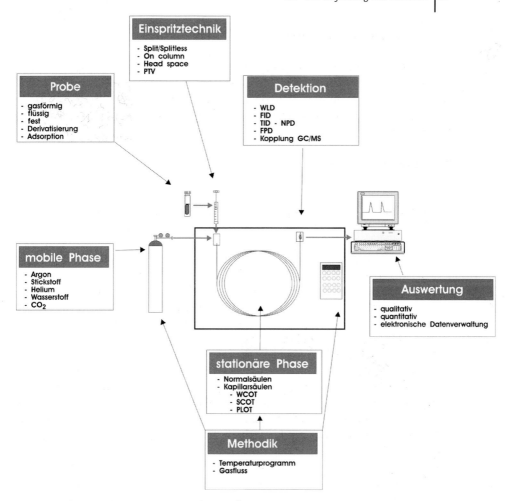

Abb. 5.1 Gaschromatographie – ein methodischer Überblick.

5.2
GC: Proben und Probeeinlass

Nur flüchtige oder ohne Zersetzung verdampfbare Substanzen können gaschromatographisch untersucht werden. Dabei ist die GC hinsichtlich Präzision, Richtigkeit und Schnelligkeit der Analyse ohne Konkurrenz.

Gasförmige Proben
Die Probenahme sollte dem Zustand des Gases entsprechen; die Probegefäße (Gasmäuse, Gaswürste) werden gleichmäßig gespült oder durch Unterdruck gefüllt. Eine Adsorption des Gases an Feststoffen und anschließende Extraktion ist ebenfalls möglich (z. B. Aktivkohle bei Drägerröhrchen). Die Aufgabe auf die Säule erfolgt entweder durch Gaschleifen, die gespült werden, oder durch gasdichte Spritzen.

Flüssige Proben
Bei flüssigen Proben ist eine kühle Lagerung in dunklen Flaschen mit Teflonverschluss bis zur Analyse wichtig. Flaschen möglichst voll befüllen, um den Verlust leicht flüchtiger Bestandteile in den Gasraum zu verhindern.

Die Aufgabe erfolgt mit Mikroliterspritze. Dabei wird das Septum des Injektors durchstoßen, die Probe in den Einspritzblockliner injiziert und dort bei 150–250 °C verdampft. Will man dies umgehen, wird die Flüssigkeit direkt auf die Säule („on column") aufgetragen.

Feste Proben
Feste Stoffe werden in Lösungsmitteln gelöst und so injiziert. Feststoffe, die nicht unzersetzt verdampft werden können, sollten derivatisiert werden (Acetylierung mit Acetanhydrid oder Silylierung mit Trimethylsilylacetamid). Auch die Headspace-Technik liefert bei festen Proben mit Matrix gut Ergebnisse.

Einspritztechniken
Beim Einspritzen wird mit einer Mikroliterspritze das Septum durchstoßen und die Lösung injiziert. Im heißen Einspritzblock befindet sich ein Liner, der die Probe vor der Heizblockwand schützt (silanisiertes Glasrohr, Abb. 5.2).

- **Split/Splitless:** Dabei kann man den Gasstrom, der auf die Säule kommt, teilen. So erreicht nur ein aliquoter Teil der Probe die Kapillarsäule, der Rest entweicht durch das Splitventil.
- **On Column:** Bei leicht zersetzlichen Substanzen oder Spurenanalytik wird die Lösung direkt auf den Säulenanfang aufgetragen. Der Transport in der Säule erfolgt dann durch das Trägergas und die Temperatur.
- **Head Space:** Die Probe wird in einem verschlossenen Vial auf 80 °C erwärmt, sodass flüchtige Anteile in die Gasphase entweichen. Die Gasphase wird injiziert (Abb. 5.3).
- **PTV-System:** Dabei wird der Einspritzblock erst nach der Injektion schnell erwärmt.

Abb. 5.4 zeigt ein Einlassteil von der Fa. Agilent.

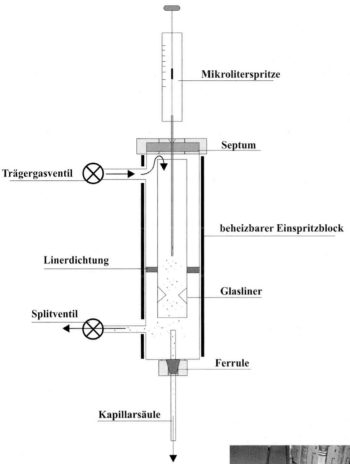

Abb. 5.2 Einspritzvorgang bei der GC.

Abb. 5.3 Headspace-Einlass HP 7694 (Agilent).

Abb. 5.4 Einlassteil GC 6890N (Agilent).

5.3
GC: Mobile Phase (Gase)

Als mobile Phase werden hauptsächlich inerte Gase verwendet. Für die Trennung ist der Gasfluss entscheidend. Die Gase werden in Druckflaschen (200 bar) geliefert, die Kennzeichnung zeigt Abb. 5.5. Dieser Druck wird durch ein Manometer auf den Arbeitsdruck (ca. 2 bar) reduziert. Eine weitere Reduzierung zum Einstellen des Gasflusses erfolgt am Gaschromatographen.

Gase
Als Gase finden Wasserstoff, Helium, Stickstoff, Argon und synthetische Luft für den FID-Detektor Verwendung.

Sicherheit
Die Verwendung von Wasserstoff bedeutet ein erhöhtes Sicherheitsrisiko.
Explosionsgefahr!
   Gaswarnanlagen sind zu empfehlen, um ein Entweichen in den Ofenraum oder ins Labor sofort zu bemerken. Die Farbkennzeichnung und die Hinweise des Gefahrengutaufklebers sind verbindlich. Stahlflaschen müssen fixiert werden und dürfen nur mit entsprechenden Flaschenwagen transportiert werden (siehe Abb. 5.8).

Reinheit
Die Gase müssen zum Schutz der Säule höchste Reinheit haben, trocken, sauerstofffrei (< 0,01 ppm) und kohlenwasserstofffrei sein. Es werden dafür entsprechende Filter angeboten. Durch kleine Gasgeneratoren können Stickstoff und Wasserstoff elektrolytisch in großer Reinheit hergestellt werden. Die Reinheitsansprüche an das Trägergas sind abhängig von der Genauigkeit der Messung.

Messbereich	Gasreinheitsangabe	Reinheit in %
100 ppb	6,0–7,0	99,9999 %–99,99999 %
100 ppb–10 ppm	5,3–5,6	99,9993 %–99,9996 %
> 10 ppm	5,0	99,999 %

mehr zu Spezialgasen unter www.linde-gas.de

Gasfluss
Die genaue Regelbarkeit des Gasflusses ist entscheidend für die Retentionszeit und damit für die qualitative Analyse. Bei Kapillarsäulen ist ein Fluss von 0,1–2 ml/min üblich. (Zusätzlich wird ein Splitfluss von 1 : 10 bis 1 : 100 eingestellt.) Bei gepackten Säulen verwendet man Flüsse von 25–30 ml/min.
   Gemessen wird der Fluss mit einem Seifenblasenzähler oder mit einem ADM1000 am Säulenende bzw. am Splitausgang (Abb. 5.6 und 5.7).

5.3 GC: Mobile Phase (Gase)

Sauerstoff   Wasserstoff   Argon   Helium   Kohlendioxid   Stickstoff   Synthetische Luft

Abb. 5.5 Kennzeichnung und Gefahrgutaufkleber von Stahlflaschen.

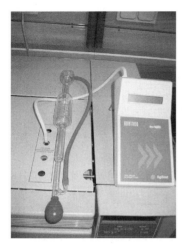

Abb. 5.6 Flussmessung durch Seifenblasenzähler oder ADM 1000.

Abb. 5.7 Einstellung Gasfluss und Split.

Abb. 5.8 Stahlflaschenschrank mit Reduzierstation.

5.4
GC: Stationäre Phase (Säulen)

Die Aufgabe der Säule in der Gaschromatographie ist die Trennung der Probebestandteile durch Wechselwirkung mit der mobilen Phase (Trägergas). Die Trennmechanismen sind Adsorption und Verteilung.

Säulenarten (Abb. 5.9 und 5.10)
- **Gepackte Säulen:** Glassäulen (selten Stahlsäulen), gefüllt mit einem feinkörnigen Adsorptions- oder Trägermaterial. Auf die inerte Oberfläche des Trägermaterials werden dickflüssige stationäre Phasen aufgebracht (meist Silicone). Innendurchmesser: 2–3 mm, Länge: 0,5–10 m, Belastbarkeit: 10 µl Probelösung
- **Kapillarsäulen:** Die stationäre Phase befindet sich in einer Quarzglaskapillare (Abb. 5.11). Dünnfilmkapillaren sind an der Innenwand mit einem 2–3 µm dünnen Flüssigkeitsfilm belegt. Dünnschichtkapillaren enthalten feines Trägermaterial mit stationärer Phase. Innendurchmesser: 0,1–1 mm, Länge: 30–300 m, Belastbarkeit: 0,1–0,001 µl Probelösung. Injektions-Split!

Stationäre Phasen
Unterschieden wird in feste Adsorbensmaterialien und Trägermaterialen mit Trennflüssigkeiten für die Verteilungschromatographie

- **Adsorbenzien:** Kieselgel, Aktivkohle, Aluminiumoxid, Molekularsieb, Polystyrol
- **Trägermaterialien:** Kieselgel, Kieselgur, Teflon, Glaskügelchen
- **Trennflüssigkeiten:** Squalan – Apiezonfette – Siliconöl – Polyethylenoxid – Polyether – Polyester – cyanethylierte Alkohole, steigende Polarität in dieser Reihenfolge.

Belastbarkeit der Säule
Wie viel Probe auf die Säule aufgebracht werden kann, ohne dass es zur Überladung kommt (Fronting, Tailing), ergibt sich aus der Art der stationären Phase, Innendurchmesser, Länge, Filmdicke, Korngröße von Träger oder Adsorbens und der Geschwindigkeit des Trägergases.

Rohrschneider-Konstante (Tab. 5.1)
Klassifiziert die stationären Phasen anhand des Retentionsverhaltens von Benzol, Ethanol, Butanon-2, Nitromethan und Pyridin. Als Vergleichswert dient die apolare Phase Squalan. *Erstinformation zur Auswahl der richtigen Säule!*

5.4 GC: Stationäre Phase (Säulen)

Gepackte Säulen
- Festes Adsorbens
- Fester Träger mit Flüssigfilm

Kapillarsäulen
- WCOT - Flüssigfilm an der Innenwand (wall coated open tubular)
- SCOT - fester Träger+Flüssigfilm (support coated open tubular)
- PLOT - festes Adsorbens (porous layer open tubular)

normalpacked ID: 1-5 mm
micropacked ID: 0,1-0,5 mm
wide pore ID: 0,1-0,5 mm
narrow pore ID: 0,1 mm

Abb. 5.9 Säulenarten für die GC.

Tab. 5.1 Rohrschneider-Konstanten x, y, z.

Handelsname	Typ	min./max. °C	x	y	z	u	s
Squalan	Hexamethyltetracosan	20/200	0,00	0,00	0,00	0,00	0,00
OV-1, OV-101, SE-30	Methylsilicon	100/350	0,16	0,20	0,50	0,85	0,48
Apiezon L	Kohlenwasserstoff	50/250	0,32	0,39	0,25	0,48	0,55
OV-3	Phenylsilicon	/350	0,42	0,81	0,85	1,52	0,89
OV-7	Phenylsilicon	/350	0,70	1,12	1,19	1,97	1,34
DEHS	Di-(2-ethylhexyl)-sebacat	/125	0,73	1,65	1,15	2,20	1,24
DNP	Dinonylphthalat	20/150	0,84	1,76	1,48	2,70	1,53
QF-1	Fluorosilicon	0/250	1,09	1,86	3,00	3,94	2,41
OV-11, Silicon DC 710	Phenylsilicon	/350	1,13	1,57	1,69	2,57	1,95
UCON 550X	Polypropylenglycol	/200	1,14	2,76	1,68	3,12	2,08
OV-17	Phenylsilicon	0/375	1,30	1,66	1,79	2,83	2,47
TCP	Tricresylphosphat	20/125	1,74	3,22	2,58	4,14	2,95
Silicon GE XE-60	Cyanosilicon	0/250	2,08	3,85	3,62	5,43	3,45
Carbowax 4000	Polyglycol	45/200	3,22	5,46	3,86	7,15	5,17
DEGS, LAC-2-R-446	Diethylenglycolsuccinat	20/200	4,93	7,58	6,14	9,50	8,37
B,B'-OXY	β,β'-Oxypropionitril	0/75	5,88	8,48	8,14	12,58	9,19
			Benzol	Ethanol	Butanon-2	Nitromethan	Pyridin

Abb. 5.10 Ofeninnenraum mit eingebauter Säule.

Abb. 5.11 Kapillarsäulen aus Quarzglas.

5.5
GC: Detektoren

Die durch mobile und stationäre Phase getrennte Probe wird von einem Detektor erfasst, wodurch ein elektronisches Signal entsteht, das graphisch aufgezeichnet wird (Chromatogramm). Das Chromatogramm kann qualitativ (über Retentionszeit) und quantitativ (über Peakfläche) ausgewertet werden. Hierzu sind konstante Detektorparameter (z. B. Brückenstrom bei WLD, Brenngasverhältnis bei FID) notwendig.

Wärmeleitfähigkeitsdetektor WLD
Messprinzip: An einem Heizdraht wird die Änderung der Wärmeleitfähigkeit in Abhängigkeit von der Gaszusammensetzung gemessen. Als Vergleich dient eine Referenzzelle, die von reinem Trägergas durchströmt wird.

Der WLD ist ein billiger, robuster Universaldetektor, der die Substanzen bei der Messung nicht verändert (Abb. 5.12).

Empfindlichkeit: 1000 pg
Dynamischer Bereich: 10^5

Flammenionisationsdetektor FID
Messprinzip: Organische Substanzen werden in einer Knallgasflamme verbrannt. Die dabei entstehenden Ionen (Kationen) wandern zur Kathode (Ringelelektrode). Es fließt ein Strom zwischen Brennerdüse (Anode) und Ringelektrode.

Der FID ist universell einsetzbar. Nicht gemessen werden Substanzen, die nicht verbrannt werden können wie Wasser, Edelgase, Stickstoff, CO, CO_2, O_2, CCl_4, NH_3 (Abb. 5.13).

Empfindlichkeit: 10 pg
Dynamischer Bereich: 10^7

Thermoionischer Detektor TID
Messprinzip: In der Knallgasflamme befindet sich eine beheizte Rubidiumsilicat-Perle. Es bilden sich N- oder P-haltige Kationen (Stickstoff-Phosphordetektor **NPD**, Abb. 5.14). *Empfindlichkeit:* 1 pg

Elektroneneinfangdetektor ECD
Messprinzip: Durch einen Betastrahler (^{63}Ni) werden Halogene, Schwefel, Schwermetalle oder Nitrogruppen im Trägergas ionisiert und gemessen (Abb. 5.15).

Empfindlichkeit: 1 pg

Flammenphotometrischer Detektor FPD
Messprinzip: Beim Verbrennen in einer Knallgasflamme wird die Emission bei einer bestimmten Wellenlänge gemessen. Sehr selektiv für Schwefel- (394 nm, Nachweisgrenze 100 pg) und Phosphorverbindungen (526 nm, Nachweisgrenze 10 pg); siehe Abb. 5.16.

Umfangreichere Strukturinformationen gewinnt man mithilfe der GC-MS-Kopplung (siehe Abschn. 5.7).

5.5 GC: Detektoren

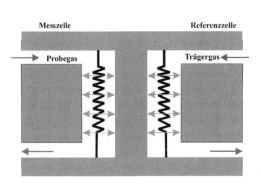

Abb. 5.12 Wärmeleitfähigkeitsdetektor (WLD).

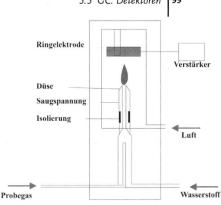

Abb. 5.13 Flammenionisationsdetektor (FID).

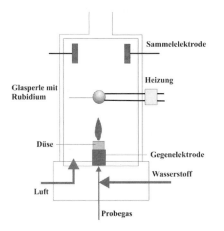

Abb. 5.14 Thermoionischer Detektor (TID, NPD).

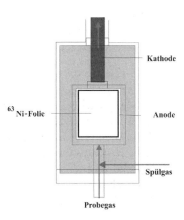

Abb. 5.15 Elektroneneinfangdetektor (ECD).

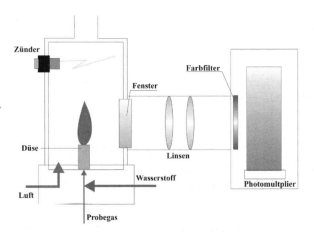

Abb. 5.16 Flammenphotometrischer Detektor (FPD).

5.6
GC und Massenspektrometrie

Zur Aufklärung von Strukturen unbekannter Substanzen wird eine Kopplung von HPLC oder GC mit einem Massenspektrometer eingesetzt. Dabei werden aus der Probe gasförmige Ionen erzeugt, die durch ein Magnetfeld nach ihrem Masse-Ladungs-Verhältnis aufgetrennt und detektiert werden. Prinzipiell unterscheidet man die Bauteile *Einlass, Ionenquelle, Massenanalysator, Detektor* und *Datensystem*. Der gesamte Prozess findet im Hochvakuum ($< 10^{-4}$ Pa) statt, um Störeinflüsse zu minimieren (Abb. 5.17).

Einlass
Der Einlass der Probe kann gasförmig, kondensiert oder als feiner Spraynebel erfolgen. Wichtig ist dabei, dass das Vakuum nur unwesentlich schlechter wird.

Ionenquelle (Tab. 5.2)
In der Ionenquelle wird die Probe ionisiert. Dafür stehen verschieden Ionisationsarten zur Verfügung, die Auswahl richtet sich nach dem physikalischen Zustand der Probe.

Massenanalysator (Tab. 5.3)
Im Massenanalysator werden die erzeugten Ionen aufgetrennt. Entscheidend ist das Masse-Ladungs-Verhältnis. Die Dispersion der Ionen erfolgt über:

- Magnetfelder (Sektorfeldgerät)
- elektrische Wechselfelder (Quadrupol, Ionenfalle, Cyclotronresonanz)
- Flugzeit der Ionen im Raum (Flugzeit-MS)

Detektor (Tab. 5.4)
Der Detektor erzeugt ein elektrisches Signal, das in einem Datensystem registriert wird. Die Aufnahme der Daten erfolgt ortsabhängig oder zeitabhängig. Die Wahl des Detektors hängt vom Messproblem ab.

Graphisches Massenspektrum
Auf der Abszisse wird das Masse-Ladungs-Verhältnis, auf der Ordinate die Intensität in Prozent dargestellt (Abb. 5.18).
- **Molekülionenpeak:** Signal bei der höchsten Molmasse
- **Isotopenpeak:** Satellitenpeak, der durch den natürlichen Gehalt der Probe an schwereren Isotopen erzeugt wird
- **Fragmentationspeak:** Signale für charakteristische Bruchstücke, die bei der Ionisation entstehen
- **Basispeak:** Signal mit der höchsten Intensität, wird zur Berechnung der relativen Intensitäten verwendet

Abb. 5.17
HPLC- oder GC-MS-Kopplung.

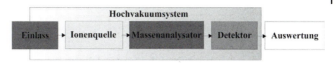

Tab. 5.2 Ionisationsmethoden der MS.

Ionisationsmethode	Abk.	Einlassquelle
Elektronenstoß	EI	Gas
Chemische	CI	Gas
Elektrisches Feld	FI	Gas
Elektr. Felddesorption	FD	Kondensat
Beschuss mit Atomen	FAB	Kondensat
Atmosphärendruck	API	Sprühnebel
Laserdesorption	LD	Kondensat
Photonen	PI	Kondensat
Elektrospray	ESI	Sprühnebel
Thermospray	TS	Sprühnebel
Plasmadesorption 252Cf	PD	Kondensat
Sekundärionen-MS	SIMS	Kondensat
Thermodesorption	TD	Kondensat

Tab. 5.3 Massenanalysatoren.

Analysator	Abk.	Wirkungsweise	Massenbereich
Magnetisches Sektorfeld	B	Impuls	bis 2000
Elektrisches Sektorfeld	E	Energie	–
Doppelfokussierendes Sektorfeld	B/E E/B	Impuls und Energie	bis 5000
Quadrpol	Q	Filter	bis 2000
Ionenfalle	IT	Filter	bis 600
Flugzeit-Analysator	TOF	Geschwindigkeit	bis 200 000
Tandem-Analysator	MS/MS	kombiniert	–

Tab. 5.4 Detektoren für die MS.

Ortsabhängige Messung	Zeitabhängige Messung
Photoplatten	Faraday-Auffänger
Array-Detektor	Szintillationsdetektor
mehrere Einzeldetektoren	Sekundärelektronenvervielfacher

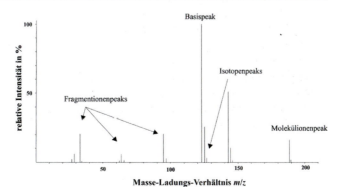

Abb. 5.18
Massenspektrum.

5.7
GC: Methodenentwicklung

Die Abstimmung von Trägergasfluss, Ofentemperatur und stationärer Phase ist entscheidend bei der Einstellung optimaler Trennbedingungen.

Informationsquellen
- **Probeninfo:** Ist die Probe gasförmig oder unzersetzt verdampfbar? Ist eine Derivatisierung möglich? Welcher höchste Siedepunkt ist zu erwarten?
- **Literatur, Internetsuche:** Umfangreiche Applikationen werden im Internet angeboten. Auch Kataloge von Säulenherstellern sind Fundgruben für Ideen zur Trennung.

Stationäre Phase
Die Säulenlänge und die Belegung oder Befüllung der Säule entscheidet über die Wechselwirkung mit den Probemolekülen. Meistens wird die Trennung durch Adsorption oder Verteilung erreicht. Grobe Informationen zu Säulen und Substanzgruppen können aus der Rohrschneider-Konstante (Tab. 5.1) abgeleitet werden.

Regel: Retentionszeit steigt logarithmisch mit der Anzahl der C-Atome (Abb. 5.19).

Die Berechnung (siehe Formelsammlung, Abschn. 3.2) erfolgt mithilfe des Retentionsindex nach Kovats (Tab. 5.5).

Mobile Phase
Die Trägergase sind inert, folglich finden keine Wechselwirkungen mit der stationären Phase statt (Unterschied zu HPLC, DC). Dem Gas kommt eine Transportfunktion zu.

Der optimale **Gasfluss** u ergibt sich aus der Van-Deemter-Gleichung.

Bei Temperaturgradienten muss berücksichtigt werden, dass die Viskosität eines Gases mit steigender Temperatur zunimmt.

Temperatur (Abb. 5.20 und 5.21)
Die Säulentemperatur beeinflusst die Geschwindigkeit der Analyse.

Bei maximaler Trennstufenzahl sind die Analysezeiten meist zu lang. Dort wird durch eine stufenweise Erhöhung der Temperatur eine ausreichende Trennstufenzahl und eine Verkürzung der Analysezeit erreicht.

Bei unbekannten Proben wird die Säulentemperatur so gewählt, dass sie 100 °C unter dem höchsten im Gemisch auftretenden Siedepunkt liegt.

Bei länger unbenutzten Säulen ist ein Ausheizen angeraten. Dabei darf eine maximale Temperatur, bei der das Säulenmaterial entweicht, nicht überschritten werden (siehe Tab. 5.1).

Im Ofenraum müssen konstante Temperaturen gehalten werden können (± 0,2 °C), um reproduzierbare GC zu ermöglichen.

5.7 GC: Methodenentwicklung

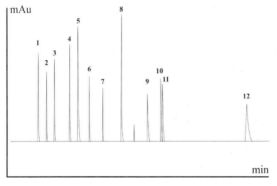

Abb. 5.19: Retentionszeit steigt mit Anzahl der C-Atome.

Tab. 5.5 Retentionsindex nach Kovats; zur Berechnung siehe Abschnitt 3.2.

Peak Nr.	Substanz	Kovats Index
1	Methan	0
2	n-Pentan	500
3	Hexen-1	584,53
4	Benzol	650,99
5	Cyclohexan	674,75
6	n-Heptan	700
7	Hexanon-2	725,99
8	Hexanal	741,52
9	Hexanol-1	798,54
10	1-Chlorhexan	829,06
11	Cyclohexanon	831,1
12	n-Nonan	900

Säule: Kapillarsäule Squalan 100 m/ID 0,25 mm
Säulentemperatur: 100 °C
Einspritzblock: 200 °C
Flow: 2,2 mPa Stickstoff

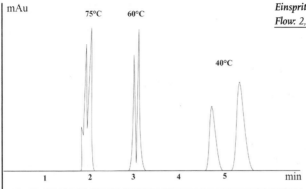

Abb. 5.20 Einfluss der Säulentemperatur auf die Auflösung R.

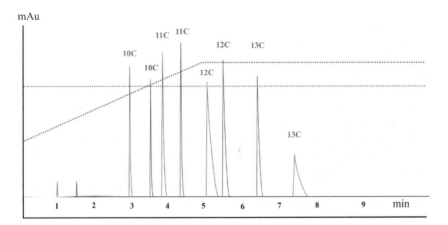

Abb. 5.21 Isokratische Temperatur und Temperaturgradient.

5.8
GC: Wartung und Qualifizierung

Regelmäßige Überprüfungen sorgen dafür, dass die Analyseergebnisse unabhängig vom verwendeten Gerät und von den ausführenden Personen sind.

Ein Wartungsplan und eine halbjährliche OQ/PV stellen dies sicher. Einen Überblick gibt Abbildung 5.22.

Wartungsplan
Bei Gaschromatographen ist eine regelmäßige Wartung und der rechtzeitige Austausch von Geräteteilen der erste Schritt zu einer problemfreien Analytik.

- **Gasversorgung:** Bei Gasfiltern für das Trägergas und Detektorgas auf Indikatorverfärbung achten oder in Intervallen wechseln.
- **Probeneinlass und Spritze:** Die Wechselintervalle hängen von Anzahl und Reinheit der Proben ab. Folgende Wechsel bei reinen Proben werden empfohlen: Spritzen und Spritzennadeln – alle 3 Monate, Einlass-Liner – wöchentlich, Liner-O-Ring und Einlassdichtung – monatlich, Einlassseptum – täglich.
- **Säule:** Eine Verschmutzung der Säule kann Ursache von Problemen sein. Abhilfe: Abschneiden von 50 cm vom Säulenanfang, Einbau einer neuen Säule mit Einsetzen neuer Ferrule.
- **Detektoren:** Halbjährlich die Gasflüsse von Wasserstoff, Luft, Makeup-Gas messen und bei Bedarf reinigen (bzw. ausheizen WLD, ECD).

OQ/PV – Operational Qualification/Performance Verification
Halbjährliche Überprüfung, um die ordnungsgemäße Funktion anhand festgelegter Grenzwerte zu gewährleisten.

Überprüft werden dabei:
- Druck und Druckdichtheit
- Gasflüsse (Trägergas, Detektorgas, Split)
- Ofentemperatur (± 0,2 °C)
- Injektionsgenauigkeit der Spritze (5 Injektionen $RSD_{Fläche}$ 2,9 %, RSD_{RT} 0,5 %)
- Detektor (Signal/Noise 25 pA, Drift 2,5 pA/h)
- Linearität des Gesamtsystems (Injektion einer homologen Reihe)

PQ – Performance Qualification, Systemtest
Der Systemtest überprüft die gesamte Anlage (Gerät, Säule, Gasfluss, Detektor) auf Tauglichkeit. Meist 5 Injektionen eines Standards in verschiedenen Konzentrationen, um Auflösung, Tailing, RSD der Flächen und Höhen, relative RT, Bodenzahl, Nachweisgrenze, Signal/Noise-Verhältnis und Bestimmungsgrenze zu ermitteln.

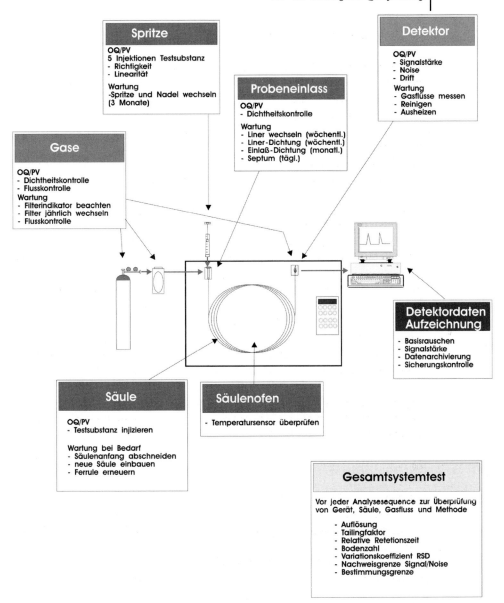

Abb. 5.22 Faktoren eines Wartungsplans für eine GC-Anlage.

5.9
GC: Fehlersuche

Ausgangspunkt für das Erkennen von Fehlern ist das Chromatogramm. Entspricht Basis, Peakform oder Retentionszeit nicht den Erwartungen, so ist vermutlich eine Fehlfunktion vorhanden. Gase, Einlassteil mit Spritze, Säule, Temperatur, Auswerteteil und Probe kommen als Fehlerquelle in Frage. Tabelle 5.6 zeigt eine Matrix zur Problemlösung.

Trägergas – Detektorgas
Sind die Gasflüsse richtig eingestellt? Gibt es ein Leak im System? Ist die Gasreinheit entsprechend? Sind die Gaszuleitungen verengt oder verunreinigt? Ist noch genug Restdruck in der Stahlflasche vorhanden? Sind die Filter noch funktionsfähig? Kommt Sauerstoff ins System? – Überprüfen der Trägergas- und Splitflüsse sowie der Detektorgase ist bei der Fehlersuche besonders wichtig.

Einlassteil mit Spritze
Ist die Injektortemperatur zu hoch oder zu niedrig? Ist das Septum undicht oder verunreinigt? Ist der Liner verunreinigt? Ist die Spritze noch in Ordnung? Regelmäßiges Wechseln von Septum, Liner und Spritze spart viel Ärger.

Säule
Ist die Säule undicht oder gebrochen? Sind die Säulenenden richtig eingebaut und gerade abgeschnitten? Wird die „richtige" Säule für diese Probe verwendet? Ist die Säule schon lange in Gebrauch oder wird sie mit verunreinigten Proben belastet? Säulenanschlüsse erneuern (Ferrule nur einmal verwenden). 50 cm vom Anfang der Säule entfernen. Säule ausheizen (Maximaltemperatur siehe Tab. 5.1) oder neue Säule verwenden.

Temperatur
Ist die Temperatur zu hoch oder zu niedrig? Sind die Gradienten zu steil? Überprüfen der Temperatursensoren im Ofenraum mit einem Thermometer. Säulenmaximaltemperaturen von *beiden* Säulen im Ofenraum beachten.

Auswerteteil Integrator
Integrationseinstellung (Nullpunkt), Verbindungs- und Anschlusskabel überprüfen.

Probe
Ist die Probe zu verdünnt oder zu konzentriert? Zersetzt sich die Probe? Ist die Probe verunreinigt? Hat die Probe einen zu hohen Wassergehalt? Sind die Lösungsmittel vernünftig? Möglichst reine Proben einsetzen; bei stark verunreinigten Proben Head Space verwenden.

Detektoren
Ist der Detektor verunreinigt? Ist der Detektor eingeschaltet? Ist ein Totvolumen vorhanden? Ist die Säule gerade abgeschnitten und richtig eingebaut? FID Flamme überprüfen (Spiegel). Detektoren reinigen oder ausheizen.

Tab. 5.6 Matrix zur Problemlösung in der GC.

Kategorie	Ursache	Auflösung schlecht	Fronting	Fronting/Tailing/Aufsitzer	Grundlinie fällt	Grundlinie fällt nach Peak	Grundlinie rauscht	Grundlinie steigt an	Grundlinie steigt bei hoher T.	Grundlinie steigt nach Peak	Peak fehlt	Peaks breit	Peaks doppelt	Peaks negativ	Peak einer fehlt	Peaks zu klein	Peakspitzen abgeschnitten	Plateaubildung	RT zu kurz/schwankend	RT zu lang/schwanken	Spikes regelmäßig	Spikes unregelmäßig	Tailing
Integration	Kabel/Anschlüsse							x													x		
	Integrationsparameter			x			x			x		x											
	Elektronik									x											x		
	Integrator aus						x																
Detektor	Überladung								x														
	Verunreinigung				O	O	O			O		O					O						
	Detektorgas													x									
	Totvolumen			x																			
	Detektor aus									■													
Probe	Wassergehalt zu hoch	O																					
	Probenkonzentration		x					x			x	x	x							x			
	Lsgmittel Polarität			P	P					P	P												
	Lsgmittel Siedepunkt			P	P					P	P												
	Probereaktion in Säule		x							x										x			x
	Derivatisierung																			x			x
	Verunreinigung	O																					
	Probevorbereitung																			x			
	Probestabilität		x							x	x	x								x			x
Ofen	Schnelles Abkühlen	x																					
	Temp.Kontrolle ok				■																		
	Gradient zu schnell				P	P	P					P									P		
	Temp. zu nieder	P	P						P	P							P			P			
	Temp. zu hoch	P			P			P	P			P					P			P			
Säule	Säule falsch																						
	Säule alt																						
	Säule konditioniert				O	O		O															
	Säule verunreinigt	O			O	O	O																
	S.-Enden Einb. Ferrule																						
	Säule gebrochen																						
Einlassteil	Spritze defekt																						
	Injektortemp. zu nieder		P		P					P			P	P									
	Septum Liner verunr.																						
	Septum undicht																						
	Split zu gering		■								■									■			
	Split zu hoch															■							
Gase	Druckschwankungen					■													■	■			
	Leak im System		■												■					■			
	Gasleitung verunreinig				O	O																	
	Gasqualität													■					■				
	Restdruck Gasflasche				■									■					■				
	Gaszuleitung verengt																		■				
	Gasfluss zu gering										■				■					■			
	Gasfluss zu hoch															■							
	Kein Gasfluss										■												

Legende:
- x = Kontrolle/Test
- P = Parameter ändern
- O = Reinigen
- ■ (dunkel) = Überprüfen/Messung
- ■ (grau) = Teil wechseln

5.10
GC: Beispiel für SOP

Die SOP (Standard Operating Procedure) für GC beschreibt alle Arbeitsabläufe in einem Gaschromatographielabor.

Arbeitsabläufe im Gaschromatographie-Labor

SOP GC1/2007 Version 2
Gültig ab: 30.01.08
Prüfleiter/Ersteller: Ernst Eiche
Erstellt am: 24.01.08
Qualitätssicherungsüberprüfung von: Dr. Feingehalt
Überprüft am: 28.01.08
Nächste Überprüfung: 01/09

Diese SOP gilt für alle Mitarbeiter des Gaschromatographie-Labors.

Probevorbereitung
Alle Proben und Standards werden auf der Analysenwaage auf 0,01 mg genau eingewogen, die Einwaage wird durch einen Waagendrucker dokumentiert. Das Lösen und Pipettieren der Proben wird in geeichten Messkolben und mit überprüften Pipetten durchgeführt. Die fertige Probe wird in Vials abgefüllt, diese werden mit einem Vialcap verschlossen und beschriftet.

Lösungsmittel, Gase, Chemikalien
Lösungsmittel und Chemikalien werden nur in GC-Qualität verwendet.
Bei Gasen dürfen folgende Qualitätskriterien nicht unterschritten werden:

Wasserstoff:	Reinheit 5,0 (> 99,999 %)
Stickstoff:	Reinheit 4,8 (> 99,998 %)
Synthetische Luft:	frei von Kohlenwasserstoffen, Sauerstoff 20,5 %, Stickstoff 79,5 %
Helium:	Reinheit 4,6 (> 99,996 %)

Gasfilter sorgen dafür, dass das Trägergas (Helium) trocken, sauerstofffrei und kohlenwasserstofffrei ist (Wartung durch jährliches Wechseln der Kartusche).

Methodik
Die Vorschriften für die Probenaufarbeitung und die GC-Bedingungen werden in einer eigenen Methodenkartei verwaltet. Diese enthält folgende Informationen:

- Produktname und Untersuchungsauftrag
- Sicherheitshinweise
- Standard, Standardeinwaage und Verdünnung
- Probenvorbereitung

- stationäre Phase: Säulenparameter (Art, Belegung und Länge)
- mobile Phase: Trägergas, Fluss, Split, Temperaturprogramm
- Art des Detektors
- Injektionsreihenfolge, Injektionsmenge und Einspritztechnik
- Retentionszeit
- Systemtestparameter (VK, Auflösung, Peaksymmetrie)
- Peakauswertung, Berechnungsparameter und Responsefaktoren (Fl%, Gew%)
- Beispielchromatogramm

Systemtest
- Bei externen Standardmethoden werden vor der Probenanalyse 5 Standardinjektionen durchgeführt. Der VK der Peakflächen muss < 1,5 % sein.
- Bei internem Standard oder Flächenprozentmethoden muss die angegebene Retentionszeit im Bereich von ± 0,2 min reproduziert werden, Auflösung und Tailingfaktor müssen den Angaben in der Methode entsprechen.
- Bei Bestimmungen unter 0,1 % ist eine Vergleichslösung zur Ermittlung der Nachweis- und Bestimmungsgrenze als Standard zu injizieren.

Befinden sich alle Parameter innerhalb der angegebenen Grenzen, kann mit der Probenanalyse begonnen werden. Ein weiterer Standardlauf wird nach jeder fünften Probe durchgeführt.

Integration, Berechnen und Berichten
Die Analyseergebnisse werden in Flächen- oder Gewichtsprozent angegeben. Die Berechnung erfolgt im Chromatographiedatensystem. Die Integration sollte nach Möglichkeit von Basislinie zu Basislinie verlaufen (bei nicht ganz getrennten Peaks im Lot auf die Basislinie). Die Peakerkennung und Peakbeschriftung ist auch bei unbekannte Peaks durchzuführen. Diese Ergebnisse werden stichprobenartig durch manuelles Nachrechnen überprüft und direkt an den Auftraggeber weitergeleitet. Bei sehr komplexen Analysen wird den Ergebnissen eine Kopie des Chromatogramms beigelegt.

Archivierung
Die Daten werden durch eine doppelte Serversicherung von einer eigenen EDV-Abteilung gesichert. Von den analysierten Proben wird ein Rückmuster aufbewahrt, um spätere Reklamationen überprüfen zu können.

Wartung und Kalibrierung der Geräte
Jedem Gerät ist ein Logbuch zugeordnet, in das alle Wartungs- und Kalibrierungsmaßnahmen und die durchgeführten Tests eingetragen werden.

Der Wartungsplan sieht folgende Intervalle vor:

Intervall	Wartungsarbeit
halbjährlich	Gasfilterkartuschen erneuern
alle 8 Wochen	Spritze und Spritzennadel erneuern
wöchentlich	Einlass-Liner erneuern
alle 4 Wochen	Liner-O-Ring erneuern
täglich	Einlassseptum erneuern
bei Säuleneinbau	neue Ferrule verwenden
alle 4 Wochen	Gasflüsse Säule, Split und Detektor messen

Kalibrierung
Einmal jährlich wird eine Gesamtüberprüfung des Gaschromatographen durchgeführt.

Dabei werden folgende Funktionen überprüft:
- Druckdichtheit des Gesamtsystems
- Ofentemperatur ± 0,2 °C
- Injektionsgenauigkeit der Spritze (VK aus 5 Injektionen < 2 %)
- Detektorrauschen
- Linearität des Gesamtsystems (homologe Reihe)

Allgemeines
Alle Abschlussdokumente müssen von einem zweiten Mitarbeiter geprüft werden, um Verwechslungen auszuschließen. Die Daten werden elektronisch mit Passwort gesichert und in einem dafür vorgesehenen Ordner abgelegt. Alle Abweichungen von dieser SOP oder von dem erwarteten Ergebnis sind sofort dem Prüfleiter zur Kenntnis zu bringen.

Diese SOP wurde am 02.02.08 an alle Mitarbeiter des GC Labors ausgegeben. Es erfolgte eine Schulung durch den Prüfleiter. Die nächste Nachschulung findet bei Bedarf, spätestens aber 02/2009 statt.

Ernst Eiche
Prüfleiter

Dr. Feingehalt
Leiter der Qualitätssicherung

Schulung bestätigt:
28.09.07 Ines Buche
28.09.07 Herbert Winter
28.09.07 Sibylle Frühling

5.11
GC: Arbeitsschritte in der Praxis

Praktische Durchführung einer GC-Analyse

Die wesentlichen Funktionen eines Datensystems sollen anhand einer einfachen Analyse eines Industriealkohols auf Verunreinigungen erläutert werden.

Dazu wird das Gerät HP6890 (Agilent) mit FID und der Steuersoftware Chemstation B.02.01 verwendet.

Ablauf

Eine GC-Analyse gliedert sich in folgende Arbeitsschritte:
- Arbeitsanweisung auswählen
- Standard und Probe vorbereiten
- Geräteparameter einstellen (Methode erstellen)
  1. Säule wählen, Säulenparameter festlegen
  2. Ofentemperaturprogramm eingeben
  3. Einlasstechnik und Injektorbedingungen (Temperatur, Split, Waschoptionen usw.) auswählen
  4. Detektorbedingungen (Temperatur, Makeup usw.) festlegen
  5. Integrationsparameter festlegen
  6. Berechnungs- und Kalibrationsparameter festlegen
  7. Reportoptionen einstellen
- Sequence oder Run-Methode erstellen
- Starten der ersten Injektion von Standard und Probe
- Report erstellen

Arbeitsanweisung auswählen

Eine Probe Ethanol wird auf Methanol und Acetonrückstände untersucht.
Die dafür notwendige Methode ist in der Methodenkartei beschrieben:
- *Probevorbereitung:* Probe wird unverdünnt in den Injektorblock injiziert. Injektionsspritze 2-mal mit Probe befüllen und anschließend 2-mal aufpumpen.
- *Injektionsmenge:* 1 µl
- *Säule:* DB-624, 60 m × 0,25 mm ID, 1,4 µm Filmdicke
- *Trägergas:* Wasserstoff (H_2), Druck 9,00 psi
- *Ofentemperatur:* 5 min/40 °C – 10 °C/min – 250 °C
- *Injektionstechnik:* Split 1 : 100
- *Injektorblocktemperatur:* 250 °C
- *Waschoptionen:* je 2-mal vor und nach der Injektion Spritze mit Ethanol p. a. reinigen
- *Detektor:* FID 250 °C
- *Detektorgas:* Wasserstoff (H_2) 40 ml/min, Luft 450 ml/min
- *Makeupgas:* Helium 45 ml/min
- *Auswertung:* Flächenprozent

RT-Zeiten: 3,0 min Methanol
  4,9 min Ethanol
  6,5 min Aceton

5.12
C: Software ChemStation

ChemStation
Zur Steuerung des Systems und Auswertung der Analyse wird die Software „ChemStation" von Agilent verwendet. Sie kennt folgende Dateitypen:

Methodenfile (Erweiterung.M) (Abb. 5.23)
Enthält alle Informationen über
- Geräteeinstellung (Instrument Setup, Acquisition)
- Integrationsparmeter (Integration Setup)
- Kalibrationseinstellungen (Calibration Settings)
- Berichterstellung (Report Setup)

Sequencefile (Erweiterung.S)
Enthält alle Informationen zum automatischen Ablauf einer Analyse:
- Wer führt die Analyse durch? (Operator)
- Welche Probe wird wie oft injiziert?(Vialposition und Injektionsanzahl)
- Wie heißen Probe und Standard?
- Welcher Methodenfile.M wird verwendet?
- Mit welchen Einwaagen und Verdünnungen wird gearbeitet?
- Wann findet die Analyse statt?

Chromatogrammdatenfile (Erweiterung.D)
Die mit einer Sequence xyz.S und einer Geräteeinstellung xyz.M erzeugten Chromatogramme werden als Datenfiles xyz.D in einem windowsähnlichen Verzeichnisbaum automatisch abgelegt.

Online- und Offline-Modus
Die Analyse wird im Online-Modus abgearbeitet. Im Offline-Modus kann man bereits aufgezeichnete Analysen neu integrieren, einen neuen Report ausdrucken oder mehrere Analysen statistisch auswerten.

Geräteparameter einstellen (Methode.M erstellen)
Über Method → Edit Entire Method wird man durch alle Screens geführt, die die Methodenerstellung betreffen (Abb. 5.24).

Injektorscreens
- **Instrument|Edit|Injector (6890):** Hier wird der Injektor ausgewählt (Front/Back oder Both), außerdem das Injektionsvolumen, die Spritzengröße sowie Wasch- und Spritzenkolbenpumpoptionen (Abb. 5.25). Unter More... ist die Angabe der Viskosität möglich, was die Aufsauggeschwindigkeit der Spritze beeinflusst (Abb. 5.26).
- **Instrument|Edit|Inlets (6890):** Einstellung Split/Splitless, Splitverhältnis, Trägergas, Injektorblocktemperatur, Gasfluss in psi oder ml/min (Abb. 5.27).

Detektorscreen
Instrument|Edit|Detectors (6890): Am Beispiel des FID wird die Temperatur des Detektors, der Fluss der Gase Luft und Wasserstoff für die Flamme und der Fluss und die Art des Makeupgases eingegeben (Abb. 5.28).

Ofenscreen
Instrument|Edit|Oven (6890): Hier wird das Temperaturprogramm und die Maximaltemperatur (Schutz der Säule!) eingegeben (Abb. 5.29).

Integrationsparameterscreen
Edit Integration Events: Integrationsparameter werden ausgewählt und die Zeitsteuerung wird festgelegt. Weniger ist mehr! (Abb. 5.30)

Kalibrationsscreen
Unter Calibration Settings und Calibation Table wird die Kalibration durchgeführt (Abb. 5.32 und 5.33).

Reportscreen
Specify Report: Instrument 1 Hier wird festgelegt, wo der Report ausgegeben wird und wie das Ergebnis berechnet wird (Flächen-%, Interner oder Externer Standard, aus Fläche oder Höhe usw.). Außerdem werden die Druckoptionen ausgewählt (Abb. 5.31).

Sequence.S erstellen
Mit Sequence → Edit Sequence kommt man zum Screen **Sequence Table: Instrument 1** (Abb. 5.34). Hier wird eingegeben, welches Vial (Standplatz) mit welcher Methode wie oft injiziert wird. Weiter Angaben gibt es zur Kalibaration bei externem oder internen Standard sowie zur Auswahl des Injektors (Front, Back). Mit Save Sequence werden die Angaben gespeichert (Abb. 5.35).

Starten einer Analyse: Run Method oder Run Sequence
Aus der Darstellung des Probentellers ist die richtige Position der Proben ersichtlich. Diesen Soll-Zustand mit dem Ist-Zustand (welche Proben stehen wirklich im Probenteller?) abgleichen (Abb. 5.36).

Chromatogramm-Daten.D
Der Dateiname besteht aus Vialnummer, Sequence Line und Injektionswiederholung; bei Standards wird ein C (für Calibration) vorangestellt (Abb. 5.37).

Auswertung der Probe
Die Analyse wird nach Flächen-% ausgewertet (siehe Abb. 5.38):
    0,68 Area% Methanol, 98,35 Area% Ethanol, 0,97 Area%Aceton (Tabelle unten rechts).

5 Gaschromatographie (GC)

```
┌─────────────────┐    ┌─────────────┐    ┌─────────────┐    ┌─────────┐
│ Instrument Setup│───▶│ Integration │───▶│ Calibration │───▶│ Report  │
│ Acquisition     │    │ Setup       │    │ Setup       │    │ Setup   │
└─────────────────┘    └─────────────┘    └─────────────┘    └─────────┘
```

Abb. 5.23 Aufbau eines Methodenfiles in ChemStation.

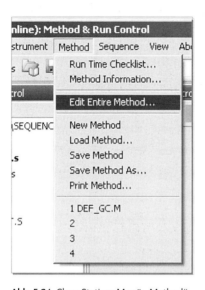

Abb. 5.24 ChemStation: Menü „Method".

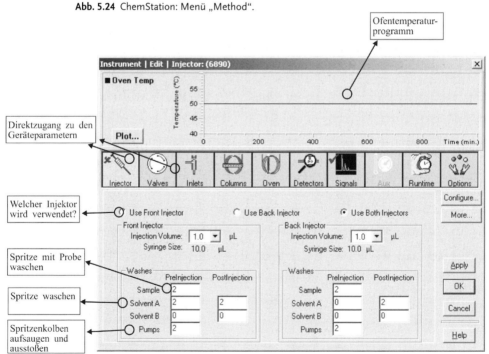

Abb. 5.25 ChemStation: Screen zur Einstellung der Injektorspritzenoptionen.

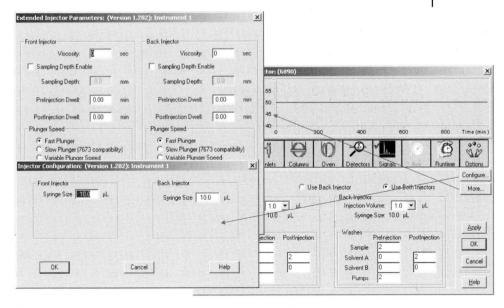

Abb. 5.26 ChemStation: Eingabe von Spritzengröße und Viskosität.

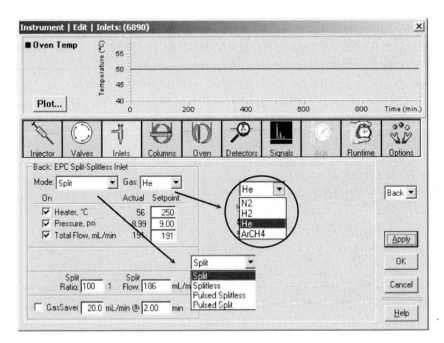

Abb. 5.27 ChemStation: Eingabe Injektorbedingungen.

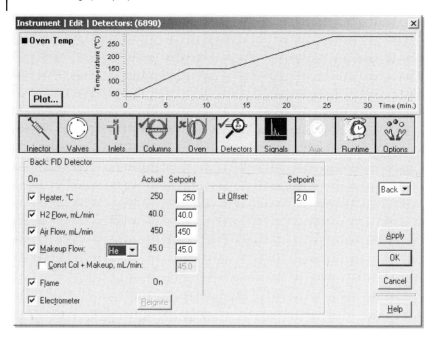

Abb. 5.28 ChemStation: Einstellungen für FID.

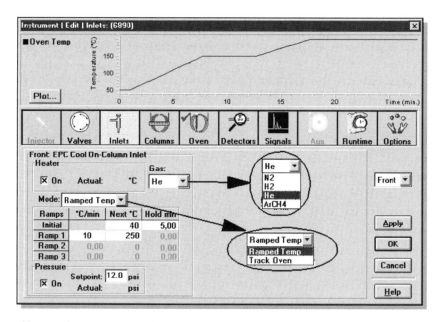

Abb. 5.29 ChemStation: Einstellung Temperaturprogramm GC-Ofen.

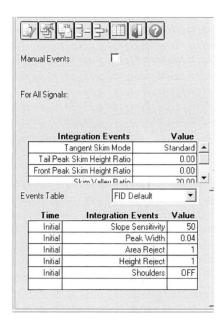

Abb. 5.30 ChemStation: Eingabe Integrationsparameter.

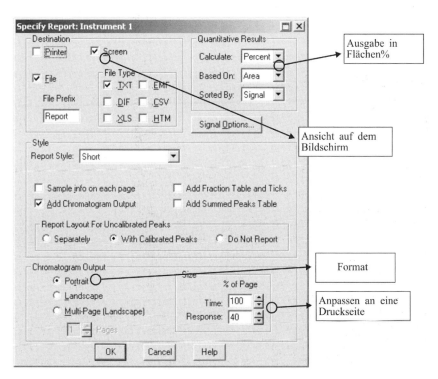

Abb. 5.31 ChemStation: Optionen für Report.

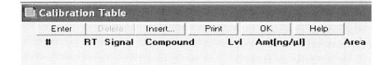

Abb. 5.32 ChemStation: Screen Kalibrationstabelle.

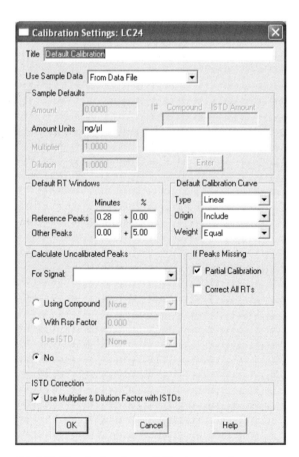

Abb. 5.33 ChemStation: Screen Kalibrationseinstellungen.

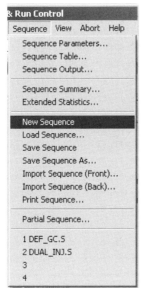

1. Im Menü Sequence-New Sequence öffnen
2. Sequenceparameter eingeben
3. Sequencetabelle anpassen
4. Angaben zum Report der Sequence eingeben
5. Sequence speichern
6. Sequence starten

Abb. 5.34 ChemStation: Erstellen einer Sequenz für eine automatische Analyse.

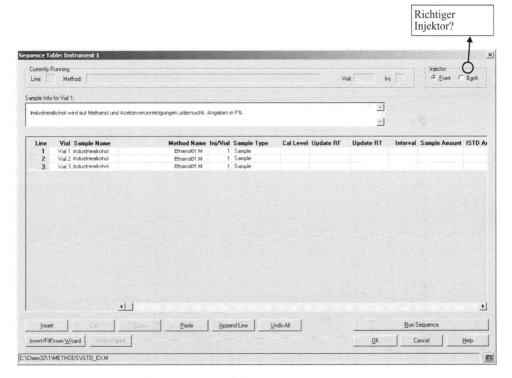

Abb. 5.35 ChemStation: Erstellen einer Sequenztabelle.

120 | 5 Gaschromatographie (GC)

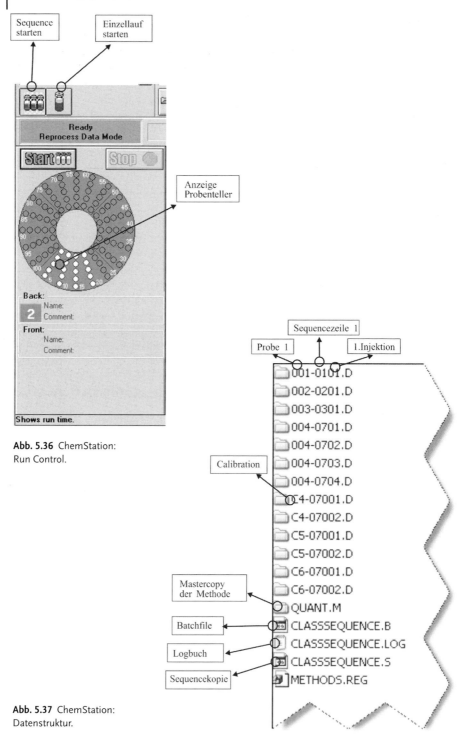

Abb. 5.36 ChemStation: Run Control.

Abb. 5.37 ChemStation: Datenstruktur.

5.12 C: Software ChemStation

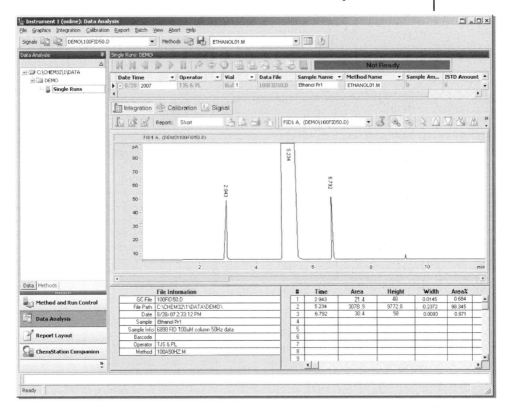

Abb. 5.38 ChemStation: Gesamtansicht Online-Modus (Version B.02.01).

5.13
GC: Anwendungsbeispiele

5.13.1
GC: Beispiel I

Weinbrand — **Agilent WB**

Standard
Fuselöl Standardlösung

Probevorbereitung
Probe wird direkt in den Injektorblock injiziert.

Injektionsmenge: 0,5 µl
Säule: DB-624, 60 m × 0,25 mm ID, 1,4 µm Filmdicke
Trägergas: Wasserstoff H_2, 50 cm/s
Injektionstechnik: Split 30 ml/min
Injektorblocktemperatur: 250 °C
Ofentemperatur: 5 min/40 °C – 10 °C/min – 250°C
Stopzeit: 26 min
Detektor: FID 300 °C

1. Acetaldehyd
2. Methanol
3. Ethanol
4. Aceton
5. Propanol
6. Ethylacetat
7. Isobutanol
8. Butanol
9. Pentanol
10. Methylbutanol
11. 2-Methylbutanol
12. Hexanol
13. Phenylethanol

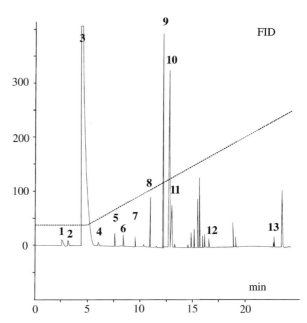

Abb. 5.39 Zu GC-Beispiel I.

5.13.2
GC: Beispiel II

Aromen und Duftstoffe   AG002

Standard
Duftstoff Referenzstandard

Probevorbereitung
1 ml Probe werden in einem 20-ml-Messkolben mit Aceton verdünnt.

Injektionsmenge: 1 µl
Säule: DB-1 30 m × 0,25 mm ID, 0,25 µm Filmdicke
Trägergas: Helium 25 cm/s gemessen bei 150 °C
Injektionstechnik: Split 1 : 50
Injektorblocktemperatur: 250 °C
Ofentemperatur: 1 min/40°C – 5 °C/min – 290 °C
Stopzeit: 51 min
Detektor: Massenspektrometrischer Detektor MSD 300 °C transfer line

Zuordnung der Peaks:

1. Aceton
2. 2,3-Butandion
3. Ethylacetat
4. 2,3-Pentandion
5. Ethylpropion
6. Methylbutyrat
7. 3-Methylbutylalkohol
8. 2-Methylbutylalkohol
9. Isobutylacetat
10. Ethylbutyrat
11. Furfural
12. Ethylisovalerat
13. Hexanol
14. Allylbutyrat
15. Ethylpentanoat
16. Hexylenglycol
17. Benzaldehyd
18. Camphen
19. 3,5,5-Trimethylhexanol

20. Ethylhexanoat
21. Hexylacetat
22. Benzylalkohol
23. para-Cymen
24. Limonen
25. 2,6-Dimethylhept-5-enal
26. Octanol
27. Ethylheptanoat
28. Linalool
29. cis-Rose
30. trans-Rose
31. Citronellal
32. Isoborneol
33. Borneol
34. Ethyloctanoat
35. Octylacetat
36. Neral
37. Linalylacetat
38. Hydroxycitronellal

39. Vertenex (Isomer 1)
40. Ethylnonanoat
41. Vertenex (Isomer 2)
42. γ-Nonalacton
43. Nerylacetat
44. Geranylacetat
45. Diphenyloxid
46. Ethyldecanoat
47. Fluorazon (Isomer 1)
48. Fluorazon (Isomer 2)
49. Dodecanol
50. Ethylundecanoat
51. Eugenylacetat
52. Fambion
53. Isoamylsalicylat
54. Rosatol
55. n-Amylsalicylat
56. Ethyldodecanoat
57. Benzophenon

58. Dibenzylether
59. g-Dodecalacton
60. Evernyl
61. Celestocid
62. Benzylbenzoat
63. Eethyltetradecanoat
64. Benzylsalicylat
65. Tonalid
66. Isopropylmyristrat
67. Ethylpentadecanoat
68. Ethylhexadecanoat
69. Ethylenbrassylat
70. Cinnamylphenylacetat
71. Phenylethylcinnamat
72. Ethyloctadecanoat
73. Hercolyn D
74. Cinnamylcinnamat
75. Cetearyloctanoat
76. Cetearyldecanoat

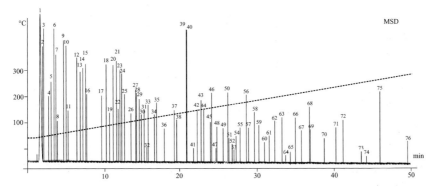

Abb. 5.40 Zu GC-Beispiel II.

5.13.3
GC: Beispiel III

Erdbeersirup   19091N-213

Probevorbereitung
Probe wird direkt in den Injektorblck injiziert.

Injektionsmenge: 1 µl
Säule: DB-225 30 m × 0,25 mm ID, 0,15 µm Filmdicke
Trägergas: Helium 36,5 cm/s gemessen bei 150 °C
Injektionstechnik: Split 1 : 60
Injektorblocktemperatur: 225 °C
Ofentemperatur: 1 min/60 °C – 10 °C/min – 250 °C/2 min
Stopzeit: 22 min
Detektor: FID 275 °C

1. Ethylacetat
2. Ethylbutyrat
3. Isoamylacetat
4. Amylacetat
5. Isoamylbutyrat
6. Amylbutyrat
7. Ethylbenzoat
8. Citronellol
9. Geraniol
10. Ethyl-3-phenyloxiran-carboxylat
11. Erdbeeraldehyd
12. Benzylbenzoat

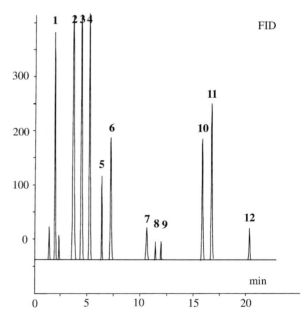

Abb. 5.41 Zu GC-Beispiel III.

5.13.4
GC: Beispiel IV

Erdgas

Probevorbereitung
Die gasförmige Probe wird mit einer gasdichten Spritze injiziert.

Injektionsmenge: 5 µl
Säule: HP-PLOT/Al_2O_3 S 15 m × 0,53 mm ID, 15 µm Filmdicke
Trägergas: Helium 50 cm/s gemessen bei 100 °C
Injektionstechnik: Split 1 : 50
Injektorblocktemperatur: 250 °C
Ofentemperatur: 1,5 min/100 °C – 30 °C/min – 180 °C
Stopzeit: 4,2 min
Detektor: FID 250 °C

1. Methan
2. Ethan
3. Propan
4. Isobutan
5. n-Butan
6. Isopentan
7. n-Pentan
8. n-Hexan

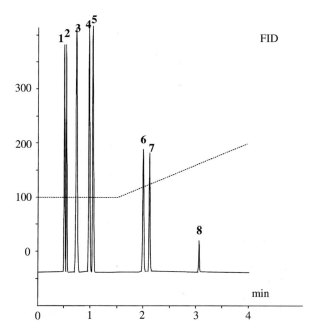

Abb. 5.42 Zu GC-Beispiel IV.

5.13.5
GC: Beispiel V

PAH (polycyclische aromatische Kohlenwasserstoffe) in Trinkwasser   MN 200450

Standard
PAH Standardmischung

Probevorbereitung
Trinkwasserprobe wird direkt injiziert.

Injektionsmenge: 2 µl
Säule: Optima 5, 25 m × 0,32 mm ID, 0,25 µm Filmdicke
Trägergas: Wasserstoff H_2, 0,6 bar
Injektionstechnik: Split 1 : 10
Injektorblocktemperatur: 250 °C
Ofentemperatur: 80 °C – 4 °C/min – 180 °C
Stopzeit: 25 min
Detektor: FID 300 °C

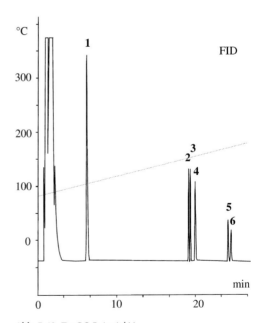

1. Fluoranthen
2. Benzo[b]fluoranthen
3. Benzo[k]fluoranthen
4. Benzo[a]pyren
5. Indenol[1,2,3-cd]pyren
6. Benzo[ghi]perylen

Abb. 5.43 Zu GC-Beispiel V.

5.13.6
GC: Beispiel VI

Lösungsmittel

Standard
Lösungsmittelgemisch

Probenvorbereitung
Lösungsmittel wird direkt injiziert.

Injektionsmenge: 2 µl
Säule: DB-WAXetr, 50 m × 0,32 mm ID, 1,0 µm Filmdicke
Trägergas: Helium 35,2 cm/s gemessen bei 50 °C
Injektionstechnik: Split 1 : 100
Injektorblocktemperatur: 250 °C
Ofentemperatur: 5 min/50 °C – 10 °C/min – 170 °C
Stopzeit: 22 min
Detektor: FID 280 °C

1. Hexan
2. Isooctan
3. Aceton
4. Ethylformiat
5. THF
6. Trichlorethan
7. Ethylacetat
8. Iso-propylacetat
9. Methylethylketon
10. Methylenchlorid
11. Isopropylalkohol
12. Benzol
13. 2-Pentanon
14. Methylisobutylalkohol
15. Isobutylacetat
16. Chloroform
17. sec-Butylalkohol
18. Toluol
19. n-Propanol

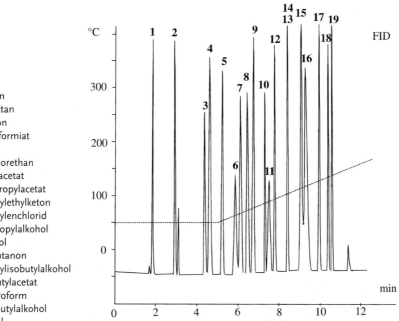

Abb. 5.44 Zu GC-Beispiel VI.

5.13.7
GC: Beispiel VII

Dieselöl – homologe Reihe

Standard
Dieselöl-Standard 50 ng/Komponente in n-Hexan

Probenvorbereitung
0,6 mg Dieselölprobe in 1 ml n-Hexan lösen.

Injektionsmenge: 1 µl
Säule: DB-5ms, 30 m × 0,53 mm ID, 1,5 µm Filmdicke
Trägergas: Helium 48,5 cm/s gemessen bei 60 °C
Injektionstechnik: direkt
Injektorblocktemperatur: 280 °C
Ofentemperatur: 2 min/60 °C – 12 °C/min – 300 °C/10 min
Stopzeit: 32 min
Detektor: FID 250 °C, N_2 als Makeup-Gas, 30 ml/min

1. C_{10} Decan
2. C_{12} Dodecan
3. C_{14} Tetradecan
4. C_{16} Hexadecan
5. C_{18} Octadecan
6. C_{20} Eicosan
7. C_{22} Docosan
8. C_{24} Tetracosan
9. C_{26} Hexacosan
10. C_{28} Octacosan

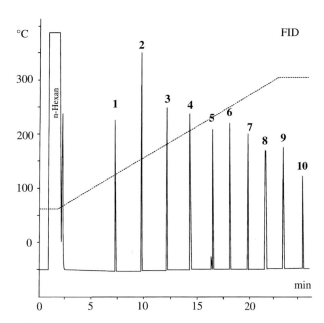

Abb. 5.45 Zu GC-Beispiel VII.

6
Hochdruck-Flüssigkeitschromatographie (HPLC)

6.1
HPLC: Einführung und Geräte

Bei der Hochdruckflüssigkeitschromatographie (HPLC) befindet sich die stationäre Phase in einer Stahlsäule. Die mobile Phase wird durch eine Hochdruckpumpe bewegt. Die Probe *muss* in gelöster Form vorliegen.

Ein HPLC-Gerät besteht aus einer Pumpe, einem Injektionssystem, einem Detektor und einer Integrations- und Auswerteeinheit. Ein Säulenofen zur Gewährleistung konstanter Temperaturen bei der Analyse ist sinnvoll. Säule und Laufmittel, die Kernstücke der Methode, werden nach der Art der Probe ausgewählt. Einen allgemeinen Überblick gibt Abbildung 6.1.

Pumpensysteme
In der HPLC verwendet man Ein- oder Doppelkolbenpumpen. Der Kolben besteht aus Saphir, das Gehäuse aus chemikalienbeständigem Edelstahl. Eine Regelung mit Kugelventilen sorgt für einen pulsationsarmen Fluss.

Wird das Laufmittel während der Analyse geändert (Gradientenlauf), so werden spezielle Pumpsysteme benötigt:
- **Mischventil:** Durch ein elektronisches Magnetventil wird abwechselnd einer von bis zu 4 Kanälen geöffnet. Die Mischung erfolgt in einer kleinen Mischkammer oder in der Pumpe.
- **Binäres Pumpensystem:** Jeder Laufmittelkanal wird durch eine eigene Doppelkolbenpumpe gefördert (Abb. 6.2 und 6.3).
- **Membranpumpe:** Dabei wird ein Gradient durch Niederdruckkolben vorgemischt und anschließend durch eine Membranpumpe mit vibrierender Goldscheibe auf Hochdruck gebracht.

Kriterien bei der Wahl der Pumpe:
- Welcher Fluss wird benötigt? (Nano-, analytische oder präparative HPLC?)
- Wie stark sind die Pulsationen? (z. B. Ripple < 0,1 %)
- Wird ein Gradientensystem benötigt? (Dazu ist eine Entgasung des Laufmittels durch Helium oder Vakuum-Degasser erforderlich.)

Moderne HPLC-Pumpsysteme, die hohen Ansprüchen gerecht werden, sind mit einer oder zwei Zweikolbenpumpen ausgestattet. Mischventile ermöglichen Gradientenläufe.

Säulenofen
Der Einfluss der Temperatur auf die HPLC wird oft unterschätzt. Vor allem die veränderten Viskositäten und damit Druckverhältnisse können Peakform und Auflösung wesentlich beeinflussen.

Für eine stabile HPLC ist eine stabile Temperatur unerlässlich!

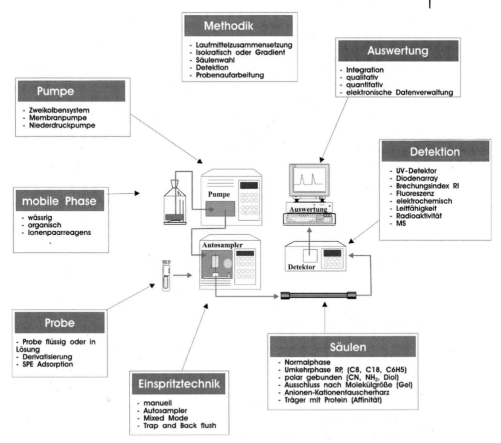

Abb. 6.1 Methodenüberblick HPLC.

Autosampler (Abb. 6.4)

Die manuelle Aufgabe der Probelösung auf den Säulenanfang (durch eine Spritze oder eine befüllte Schleife, die in den Laufmittelstrom geschaltet wird) spielt in der Praxis kaum noch eine Rolle. In der Regel erfolgt die Aufgabe automatisch durch Autosamplersysteme.

Dabei ist wichtig, dass die Probe möglichst auf einfachem Weg zur Nadel geführt wird.

- **Position bei der Analyse:** Das Sechsfachventil (Reotimeventil) ist so geschaltet, dass das Laufmittel über die Probenschleife und die Nadel auf die Säule gepumpt wird (Abb. 6.4 a).
- **Probe aufsaugen:** Das Ventil ist eine Position weitergedreht. Ein Bypass leitet den Fluss während des Einspritzvorgangs direkt auf die Säule. Die Probe wird durch einen eigenen Spritzenkolben (Saphirkolben) in die Probenschleife gesaugt (Abb. 6.4 b).
- **Probe injizieren:** Das Reotimeventil wird wieder zurückgedreht, der Laufmittelstrom fließt wieder über die Probenschleife und die Nadel, wo er die Probe auf den Säulenanfang befördert.

Durch den ständigen Fluss des Laufmittels durch die Nadel muss diese nicht eigens gereinigt werden. Es gibt aber Systeme, bei denen Reinigungsschritte mit Lösungsmittel und Abfallfläschchen nach der Injektion zu programmieren sind (Abb. 6.4 c).

Mixed Mode

Aus verschiedenen Vials wird eine Probe aufgesaugt, in der Schleife gemischt und anschließend injiziert. Diese Funktion ist zum automatischen Herstellen von Verdünnungsreihen und zum Derivatisieren von Probe sehr nützlich.

Kühlen und Verdunkeln des Proberaums verbessert die Stabilität empfindlicher Proben.

Bei der Einstellung der Injektionsmenge sollten 10 % des Säulenvolumens nicht überschritten werden.

Detektoren

Der Detektor erzeugt aus den von der Säule getrennten Substanzen ein elektronisches Signal.

Qualitätsmerkmale von Detektoren sind: hohe Selektivität, geringes Rauschen (Noise), hohe Empfindlichkeit, hohe Linearität, kurze Detektor-Schreiber-Ansprechzeit und geringes Zellvolumen.

Detektionsverfahren

UV, Diodenarray, RI (Brechungsindex), Fluoreszenz, Leitfähigkeit, elektrochemisch, IR, MS, Radioaktivität (Tab. 6.1).

6.1 HPLC: Einführung und Geräte

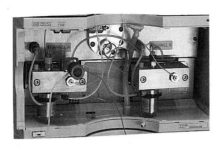 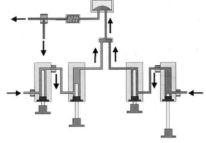

Abb. 6.2 Binäres Pumpensystem Agilent 1100. **Abb. 6.3** Schema eines Pumpensystems für die HPLC.

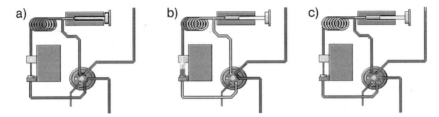

Abb. 6.4 Positionen des Autosamplers: a) Analyse, b) Probe aufsaugen, c) Probe injizieren.

Tab. 6.1 Detektoren für die HPLC.

Detektor	Anwendung	Nachweisgrenze	Bemerkung
UV-Detektor konstante Wellenlänge	UV-aktive Komponenten selektiv	0,3 ng/ml	Anpassung durch Filterwechsel
UV-Detektor variable Wellenlänge	wie oben	0,3 ng/ml	optimale Detektion im Maximum
Diodenarray	wie oben	< 0,3 ng/ml	Methodenentwicklung Peakreinheit, Spektren
Brechungsindex RI	universell	0,7 µg/ml	kein Gradient möglich
Fluoreszenz	fluoreszierende Substanzen	0,8 pg/ml	selektiv
elektrochemisch	oxidierbare, reduzierbare Komponenten	1 pg/ml	kein Gradient möglich
Leitfähigkeit	ionenselektiv	abhängig vom Eluenten	breit anwendbar
Radioaktivität	markierte Verbindungen	ca. 200 dpm Zerfälle/min	Feststoffszintillator geringer Fluss günstig

6.2
HPLC: Detektoren

Detektoren
Bei allen Detektoren wird das Laufmittel nach der Säule durch eine Durchflusszelle geleitet, die gewünschte physikalische oder chemische Eigenschaft gemessen und in elektronische Signale (Chromatogramm) umgewandelt. Der lineare Bereich, das Rauschen und die Selektivität sind die wichtigsten Kriterien zur Beurteilung eines Detektors. Universell anwendbar ist der Brechungsindex-Detektor.

UV/VIS Variabler Wellenlängendetektor
Das Messprinzip besteht in der Abschwächung eines monochromatischen (190–400 nm) Lichtstrahls beim Durchgang durch Flüssigkeit. Wie viel Licht von der Probe absorbiert wird, hängt jeweils linear von der Konzentration c, der Schichtdicke d und dem Absorptionskoeffizienten ε ab (E ist die Extinktion): $E = \varepsilon \cdot c \cdot d$. Ein UV-Detektor ist vor allem bei Substanzgruppen einsetzbar, die eine Doppelbindung oder einen aromatischen Ring aufweisen (Abb. 6.8).

Diodenarray-Detektor
UV-Detektor, der nicht nur eine eingestellte Wellenlänge beobachtet, sondern das gesamte UV-Spektrum scannt. Die etwas geringere Empfindlichkeit wird durch die wesentlich höhere Selektivität aufgewogen. Von jedem getrennten Peak wird ein UV-Spektrum aufgezeichnet, sogar die Reinheit des Peaks kann durch Vergleich der UV-Spektren ermittelt werden. Wichtiges Werkzeug zur Methodenentwicklung (Abb. 6.7).

Brechungsindex-Detektor (RID)
Universell, vor allem in der Zucker- und Polymeranalytik beliebt. Da der Brechungsindex stark von der Temperatur abhängt, muss die Temperatur des Laufmittels konstant gehalten werden. Ein Gradientenlauf ist nicht möglich (Abb. 6.5).

Fluoreszenzdetektor
Durch Einstrahlen von UV-Licht werden Substanzen zur Fluoreszenz angeregt; die Emission wird gemessen. Gegebenenfalls kann ein Einsatz des sehr empfindlichen Detektors durch vorhergehende Derivatisierung ermöglicht werden (Abb. 6.9).

Elektrochemischer Detektor
Selektiver Detektor, misst die elektrochemische Oxidierbarkeit oder Reduzierbarkeit. Voraussetzungen sind ein sauberes, sauerstofffreies Laufmittel und eine gereinigte Arbeitselektrode. Die Werte sind generell schlecht reproduzierbar, weil sich an den Elektroden veränderliche Ablagerungen bilden (Abb. 6.6).

HPLC- Kopplung
Immer häufiger wird die HPLC mit einem Massenanalysator gekoppelt. Geringe Flüsse und Mikrosäulen erleichtern die Ionisierung. Die Methodik darf nur wässrig/organisch sein, Zusätze müssen flüchtig sein (z. B. Trifluoressigsäure, Ammoniak, Ammoniumacetat), um die Ionisationsspraytechnik nicht zu stören.

6.2 HPLC: Detektoren | 135

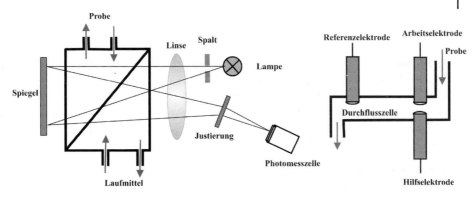

Abb. 6.5 Brechungsindex-Detektor (RI).

Abb. 6.6 Elektrochemischer Detektor.

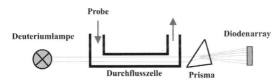

Abb. 6.7 Diodenarray-Detektor.

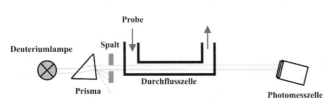

Abb. 6.8 Variabler Wellenlängendetektor UV-VIS.

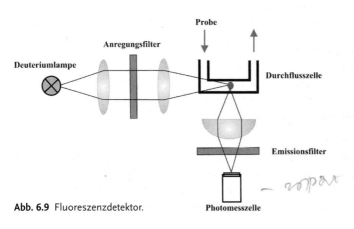

Abb. 6.9 Fluoreszenzdetektor.

6.3
HPLC: Mobile Phasen

Die mobile Phase wird vor allem nach ihren chromatographischen Eigenschaften ausgewählt.

Alle Lösungsmittel sollten in HPLC-Qualität verwendet werden. Wasser wird über eine Milli-Q-Reinstwasseranlage gereinigt. Kleinere Mengen Lösungsmittel können mit einer offenen Säule aus Aluminiumoxid oder Silicagel gereinigt werden.

Anforderungen an das Lösungsmittel
- hohe Lösungsfähigkeit
- hohe UV-Durchlässigkeit
- geringe chemische Reaktivität
- hohe Reinheit
- geringe Viskosität
- geringe Giftigkeit
- Mischbarkeit

Gebräuchliche Lösungsmittel

Tab. 6.2 Stationäre und mobile Phasen für die HPLC.

Verfahren	Stationäre Phase	Mobile Phase
Gelpermeation Gelfiltration	mit exakter Porengröße, z. B. Styrol-Divinylbenzolharz	hohe Lösekraft H_2O, THF, $CHCl_3$, DMF
Normalphase	Kieselgel/Silicagel	Hexan/Chloroform/Isooctan Isopropanol/Pentan apolar – polar
Reverse Phase	modifiziertes Silicagel (Octyl-, Octadecyl-, Phenyl-, Amin-)	Methanol, Acetonitril, Wasser apolar – polar
Verteilung (flüssig – flüssig)	Träger mit Flüssigkeit (z. B. Oxidipropionitril)	Pentan, Hexan (nicht mischbar mit stationärer Phase)
Ionenaustausch	Ionenaustauscherharz z. B. Styrol-Divinylbenzol Anionen Kationen	Konkurrenzionen Phosphat, Acetat, 0,001–0,1 M, pH 2–11
Affinität	Gele oder Silicagel mit speziellen Liganden, z. B. Proteine, Zucker	Pufferlösungen

6.4
HPLC: Elutrope Reihe

Ein Molekül kann nur dann durch Adsorption aus einem Gemisch getrennt werden, wenn seine Wechselwirkung mit dem Adsorbens stärker ist als diejenige des Lösungsmittels.

Die Stärke der Wechselwirkung hängt unter anderem von der sterischen Konstitution des Probemoleküls ab. Aus den Konzentrationen der Probe in der mobilen bzw. der stationären Phase kann der Verteilungskoeffizient K_0 berechnet werden.

Polare und apolare Lösungsmittel

Das Lösungsverhalten der Probemoleküle hängt von der Polarität des Lösungsmittels ab. Die elutrope Reihe (Tab. 6.3) ordnet die Lösungsmittel nach ihrer Polarität.

In der Normalphasenchromatographie mit Kieselgel als stationärer Phase ist ein polares Lösungsmittel (Chloroform) ein starkes und ein apolares Lösungsmittel (n-Hexan) ein schwaches.

Polare (wasserlösliche) Stoffe kommen mit apolaren Lösungsmittel (n-Hexan) später von der Säule.

Bei der Reverse Phase Chromatographie ist alles umgekehrt!

Liste der Lösungsmittel

Die physikalischen Kennzahlen der Lösungsmittel werden vor allem zur Methodenentwicklung und -optimierung benötigt:

- Die **Polarität** ist ein empirischer Zahlenwert für die Stärke des Laufmittels: Welcher Anteil im Laufmittel muss erhöht werden, um die Retentionszeit zu kürzen oder zu verlängern?
- Die **Viskosität** ist als Parameter der Laufmittelpumpe einzugeben, da bei Extremwerten ein falscher Fluss gefördert wird.
- Die **UV-Grenze** gibt an, unterhalb welcher Wellenlänge mit einem UV-Detektor nicht mehr gemessen werden kann. Verlangt die Substanzgruppe eine ausgeschlossene Wellenlänge, so bleibt nur die Verwendung eines anderen Laufmittels oder der Wechsel des Detektorsystems.
- Die Säulentemperatur muss mindestens 15 °C unterhalb des **Siedepunkts** gehalten werden. Bei niedrig siedenden Laufmitteln wie Diethylether oder Methylenchlorid wirkt das Kühlen des Laufmittels, der Säule und der Proben stabilisierend auf das Gesamtsystem.

Tab. 6.3 Elutrope Reihe.

Lösungsmittel	Polarität E° (Al$_2$O$_3$)	Viskosität mPa·s (20 °C)	Brechungs- index	UV- Grenze nm	Siede- punkt °C
Fluoralkane	−0,25		1,2500	210	
n-Pentan	0	0,23	1,3575	195	36
n-Hexan	0	0,33	1,3749	190	69
Isooctan	0,01	0,50	1,3914	200	99
Petrolether	0,01	0,3		210	
n-Decan	0,04	0,92	1,4119	200	174
Cyclohexan	0,04	1	1,4262	200	81
Cyclopentan	0,05	0,47	1,4064	200	49
Diisobutylen	0,06		1,4110	210	
1-Penten	0,08	0,24 (0 °C)	1,3715	210	30
1,1,2-Trichlortrifluorethan	0,14	0,71	1,3588	230	48
Tetrachlorkohlenstoff	**0,18**	**0,97**	**1,4652**	**265**	**77**
1,1,1-Trichlorethan	0,19	0,85	1,4379	250	74
tert.-Butylmethylether	0,20	0,35	1,3689	220	53
Amylchlorid	0,26	0,43	1,4120	225	108
n-Butylchlorid	0,26	0,47	1,4021	220	78
Xylol	0,26	0,62–0,81	~1,50	290	138–144
Isopropylether	0,28	0,37	1,3681	220	68
Isopropylchlorid	0,29	0,33	1,3777	225	36
Toluol	0,29	0,59	1,4969	285	111
n-Propylchlorid	0,30	0,35	1,3879	225	47
Chlorbenzol	0,30	0,80	1,5248	290	132
Benzol	**0,32**	**0,65**	**1,5011**	**280**	**80**
Ethylbromid	0,37	0,39	1,4239		38
Diethylether	0,38	0,24	1,3524	205	34,5
Ethylsulfid	0,38	0,45	1,4429	290	92
Chloroform	0,40	0,57	1,4457	245	61

Tab. 6.3 (Fortsetzung)

Lösungsmittel	Polarität E° (Al₂O₃)	Viskosität mPa·s (20 °C)	Brechungsindex	UV-Grenze nm	Siedepunkt °C
Methylenchlorid	0,42	0,44	1,4242	230	40
Methyl-isobutylketon	0,43	0,54	1,3957	330	116,5
Tetrahydrofuran	0,45	0,46	1,4072	220	66
1,2-Dichlorethan	0,49	0,79	1,4448	230	83
Methylethylketon	0,51	0,40	1,3788	330	80
1-Nitropropan	0,53	0,77	1,4016	380	131
Aceton	0,56	0,32	1,3587	330	56
Dioxan	0,56	1,54	1,4224	220	101
Essigsäureethylester	0,58	0,45	1,3724	260	77
Essigsäuremethylester	0,60	0,37	1,3614	260	56
Amylalkohol	0,61	4,10	1,4100	210	138
Dimethylsulfoxid	0,62	2,24	1,4783	270	189
Anilin	0,62	4,40	1,5863		184
Diethylamin	0,63	0,38	1,3854	275	55
Nitromethan	0,64	0,67	1,3819	380	101
Acetonitril	0,65	0,37	1,3441	190	82
Pyridin	0,71	0,94	1,5102	305	115
1-Propanol (n)	0,82	2,30	1,3856	210	0,97
2-Propanol (iso)	0,82	2,30	1,3772	210	82
Ethanol	0,88	1,20	1,3614	210	78
Methanol	0,95	0,60	1,3284	205	65
Ethylenglycol	1,11	19,9	1,4318	210	197
Essigsäure	groß	1,26	1,3719		118
Wasser	größer	1	1,3330	< 190	100
Salzlösungen und Puffer	sehr groß				

Die fett gedruckten Lösungsmittel sollten aufgrund ihrer Toxizität möglichst vermieden werden.

6.5
HPLC: Stationäre Phase (Säulen)

Die Säule ist das Kernstück der Chromatographie. Sie besteht meist aus Chrom-Nickel-Molybdän-Stahl, chemisch gehärtetem Glas oder Polyethylen. Abbildung 6.10 zeigt verschiedene Modelle.

Säulenparameter
- **Länge und Innendurchmesser (mm):** Doppelte Säulenlänge bedeutet 1,4-fache Trennleistung.
- **Korngröße (µm):** 10 µm, 7 µm, 5 µm, 3 µm – die Trennleistung wird bei jedem Schritt in dieser Reihe verdoppelt.
- **Korngrößenverteilung (%):** Verhältnis der Durchmesser des kleinsten und des größten Korns (d_{90} = 7 µm bedeutet: 90 % des Füllmaterials bestehen aus 7-µm-Material).
- **Form des Füllmaterials:** Kugeln, unregelmäßig, kleine Glaskugeln (als Trägermaterial), harte Gele.
- **Porenweite (nm):** Exakte Einstellung ist für Trennung nach Molekülgröße notwendig (Gelchromatographie).
- **Spezifische Oberfläche (m^2/g):** Je kleiner die Oberfläche ist, desto kleiner ist der k'-Wert.
- **Porenweitenverteilung:** Eine enge Porenweiteverteilung ergibt symmetrische Peaks.
- **Oberflächenreaktion:** Kann sauer, neutral, basisch sein.

Silicagel/Kieselgel (Tab. 6.4 und Abb. 6.11)
Silicagel wird durch Hydrolyse von Natriumsilicat hergestellt. Je nach anschließender Behandlung kann Silicagel sauer, basisch oder neutral reagieren. Saures Material wird zur Trennung von Alkalien verwendet.

Tab. 6.4 Säulenmaterialien und ihre Reaktion.

Säulenmaterial	Hersteller	Reaktion
Zorbax	Du Pont	sauer
Nucleosil	Macherey-Nagel	sauer
LiChrospher	Merck	sauer, basisch
Sperosil	Prolabo	basisch
Sperisop	Phase Sep	basisch

6.5 HPLC: Stationäre Phase (Säulen)

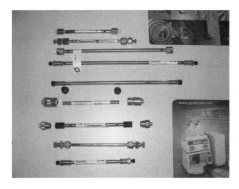

1. Macherey-Nagel
2. Phenomenex
3. Knauer
4. Thermo 300x4
5. Waters
6. Lichro CART 125 Kartusche
7. Interchrom Kartusche
8. Intersil C8 GL Sciences Inc.
9. Thermo 125x4,6

Abb. 6.10 Verschiedene HPLC-Säulen.

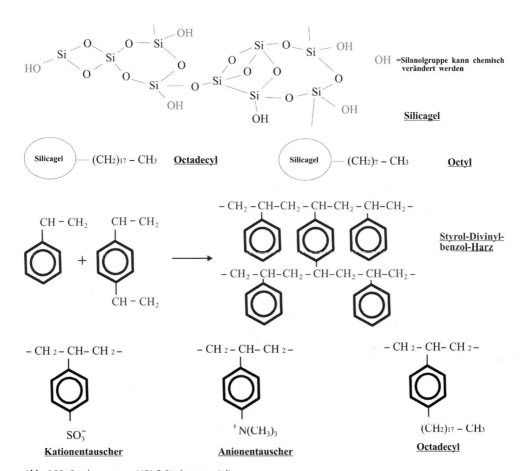

Abb. 6.11 Strukturen von HPLC-Säulenmaterialien.

Modifiziertes Silicagel (Reverse Phase)
Die polare Außenfront des Silicagels (OH-Gruppen) lässt sich chemisch leicht verändern. Für die Verwendung der Säulen in der Reverse-Phase-Chromatographie wird hauptsächlich eine Reaktion mit Silanen (Octyl-, Octadecyl-) durchgeführt (Tab. 6.5).

Tab. 6.5 Modifizierte Silicagele.

Art des Restes	Anwendungsbeispiel
Amino-	polare Stoffe, Zucker
Butyl-	Peptide
Cyano-	(Selektivität anders als Octadecyl-)
Dimethyl-	schnelle HPLC
Diol-	Proteine und Peptide
Octadecyl-	nichtpolare bis mäßig polare Stoffe
Octyl-	mäßig bis stark polare Stoffe
Phenyl-	mäßig polare Stoffe

Vernetzte Polystyrole
Diese Kunststoffmatrix aus Styrol-Divinylbenzol liefert bei mäßig polaren Lösungsmitteln gute Trennungen (pH = 1–13). Das Material kann Mikro- und Makroporen aufweisen.
   Anionenaustauscher (AX)/Kationenaustauscher (CX)

Ionenaustauscherharz
Die stationäre Phase trägt elektrische Ladungen (SO_3^-, COO^-, NH_3^+) an der Oberfläche (Harz). Das Laufmittel enthält ebenfalls Ionen die in Wechselwirkung mit den Säulenionen treten.

Weitere Phasen
- Dünnschichtteilchen: Glaskügelchen, die mit der Trennphase (Si usw.) beschichtet sind.
- Poröses Glas: Controlled pore glass CGP, chemikalienbeständig, sterilisierbar, druckstabil
- Aluminiumoxid: pH-stabil von 2–12; basisch = CX, sauer = AX,
- Hydroxy-Methacrylat-Gel: sehr polar, für Gel- und Affinitätschromatographie
- Hydroxylapatit: kristallines Calciumphosphat für Proteintrennung
- Agarose: vernetztes Polysaccharid für Affinitätschromatographie
- Poröser Graphit: chemikalienbeständig, druckbeständig, apolar, Reverse Phase

Eine schematische Übersicht zeigt Abbildung 6.12.

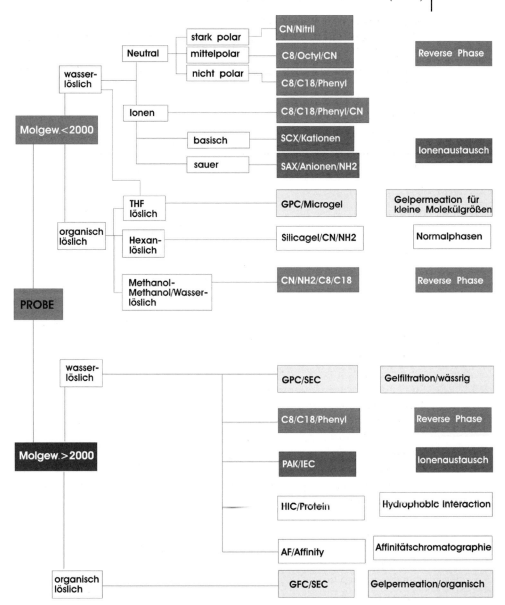

Abb. 6.12 Schema zur Auswahl des Säulenmaterials bei der HPLC.

6.5.1
HPLC: Säulenübersicht (USP L)

Das Angebot an HPLC-Säulen ist unüberschaubar: Die Grundmaterialen werden variiert, jede Firma verwendet eigene Markennamen. Ein Blick in Bestellkataloge von verschiedenen Herstellern hilft, die Übersicht zu behalten.

Angaben auf der Säule
Auf den meisten Säulen finden sich Angaben zu:
- **Herstellfirma** mit Adresse oder Telefonnummer (z. B. Phenomenex, MN, Thermo, Waters, Merck)
- **Bestellnummer, Seriennummer und Batchnummer**
- **Packungsinhalt** mit Hinweis auf Trägermaterial und Belegung (z. B. Hypersil ODS, Spherisorb ODS1, Nucleosil C18 usw.)
- **Innendurchmesser** und **Länge** der Säule (4,6 × 250 mm, 100 × 3 mm ...)
- **Korngröße** in µm (10 µ, 7 µ, 5 µ, 3 µ usw.) und eventuell Porengröße (100 Å usw.)
- **Flussrichtungspfeil** (falls nicht vorhanden, unbedingt bei der ersten Verwendung mit einem Aufkleber selbst kennzeichnen)

Säulentest
Trägermaterialien werden von den Herstellern meist in großen Batches produziert, die mehrere Jahre lang verwendet werden. Wird dann einer neuer Batch erzeugt, kann das Ergebnis beim Anwender erheblich vom Gewohnten abweichen. Um dieses Problem abzufedern, sollte man Säulen von verschiedenen Firmen vorrätig haben und neuen Säulen stets testen, um grobe Mängel wie Risse oder Porengrößeabweichungen auszuschalten. Der Test wird am besten mit jener Substanzgruppe durchgeführt, die später auch analysiert werden soll. Die Aufzeichnung von Auflösung, Bodenzahl und Tailingfaktor im Anfangs- und Endzustand erlaubt einen Überblick über die gesamte Lebensdauer einer Säule.

Alle benutzten Säulen sind als solche zu kennzeichnen und damit deutlich von fabrikneuen Säulen zu unterscheiden.

Recherche in USP
Eine Hilfe bei der Suche nach geeigneten Säulen ist die United States Pharmacopeia (USP), die nicht nach Firmennamen, sondern nach Packungsmaterialien (L) sortiert. Die nachfolgende Tabelle 6.6 erleichtert auch Quervergleiche zwischen verschiedenen Produkten und Firmen.

Tab. 6.6 HPLC-Säulen, sortiert nach USP-L-Bezeichnung.

L1			ODS/C18/RP18
Octadecylsilan, chemisch gebunden an poröses Kieselgel oder keramische Mikropartikel mit 3–10 µm			
Acquity UPLC® BEH C18	Waters	Onyx C18	Phenomenex
Atlantis® dC18	Waters	Partisil ODS	Whatman Inc.
Atlantis® T3 C18	Waters	Partisil ODS2	Whatman Inc.
BioBasic 18	Thermo	ProntoSIL C18 H	Bischoff Chrom.
BioSuite™ PA-B	Waters	Prontosil EuroBond C18	Bischoff Chrom.
µBondapak™	Waters	Puruspher RP-18	Agilent
µBondapak™ C18 Radial-Pak	Waters	Resolve™ C18	Waters
Delta™-Pak C18	Waters	Sphere Image ODS1 ODS2	Phenomenex
Eurosil-Bioselect 300 C18	Knauer	Spherisorb® ODS-2	Supelco
Eurospher 100 C18	Knauer	Sune Fire™ C18	Waters
Gemini C18	Phenomenex	SUPELCOSIL LC-18	Supelco
Hipak ODS Ab	Bischoff Chrom.	Superspher 100RP 18	Phenomenex
Hypersil BDSC18	Thermo	Symmetry300™ C18	Waters
Hypersil GOLD	Thermo	SynChropak C18	Agilent
Hypersil ODS	Thermo	Synergi Hydro-RP	Phenomenex
Hypersil ODS BDS-C18	Agilent	Waters Spherisob® ODS	Waters
LiChrosorb RP-18	Agilent	XBridge™ C18	Waters
LiChrospher RP18	Agilent	XTerra® RP18	Waters
Luna C18(2)	Phenomenex	YMC-Pack™ ODS-A™	Waters
Nova-Pak® C18	Waters	YMC-Pack™ ProC18™	Waters
Nucleodur® C18 Gravity	Macherey & Nagel	Zorbax Eclipse XDB-C18	Agilent
Nucleodur® C18 Pyramid	Macherey & Nagel	Zorbax ODS	Agilent
Nucleodur® Sphinx RP	Macherey & Nagel	Zorbax Rx-C18	Agilent
Nucleosil 100-5 C18	Agilent	Zorbax SB-C18	Agilent
Nucleosil® C18 HD	Macherey & Nagel		

L2			ODS/C18
Octadecylsilan, chemisch gebunden an Kieselgel mit kontrollierter Oberflächenporosität, gebunden an einen festen sphärischen Kern (30–50 µm)			
Bondapak® Prep C18	Waters	Pelligguard™ LC-18	Supelco
Pellicular ODS	Thermo		

L3			Si/Sil
poröse Kieselgelteilchen 5–10 µm ID			
Acquity UPLC® BEH HILIC	Waters	Onyx Si	Phenomenex
Atlantis® HILIC Silica	Waters	µPorasil®	Waters
BETASIL Silica	Thermo	Resolve™ Silca	Waters
BioSuite™ SEC	Waters	Spherisorb Silica	Supelco
Hypersil	Agilent	Sune Fire™ Silica	Waters
Hypersil Silica	Thermo	SUPELCOSIL LC-Si	Supelco
LiChrospher 60Si	Agilent	Waters Spherisob® Silica	Waters
Luna Silica(2)	Phenomenex	YMC-Pack™ ProC18™	Waters
Nova-Pak® Silica	Waters	Zorbax Sil	Agilent
Nucleosil Si	Supelco		

Tab. 6.6 (Fortsetzung)

L4		Si
Kieselgel mit kontrollierter Oberflächenporosität, gebunden an einen festen sphärischen Kern mit 30–50 µm ID		
Porasil® Prep Silica	Waters	
Pellicular Silica	Thermo	

L5
Aluminiumoxid, gebunden an einen festen sphärischen Kern mit 30–50 µm ID

L6
starker Kationentauscher, sulfoniertes Fluorkohlenstoff-Polymer auf einem festen sphärischen Kern, 30–50 µm ID

L7			C8/OS/RP8
Octylsilan, chemisch gebunden an vollständig poröses Mikrokieselgel, Partikel 5–10 µm			
Acquity UPLC® BEH C8	Waters	Nucleosil® C8	Macherey & Nagel
BioBasic 8	Thermo	Onyx C8	Phenomenex
Hypersil BDS C8	Thermo	Resolve™ C8	Waters
Hypersil GOLD C8	Thermo	Sune Fire™ C8	Waters
Hypersil MDS BDS-C8	Agilent	SUPELCOSIL LC-NH2	Subelco
Hypersil MOS	Thermo	SymmetryShield™ C8	Waters
Hypersil MOS-2	Thermo	Waters Spherisob® C8	Waters
LiChrosorb RP-8	Agilent	XBridge™ C8	Waters
LiChrospher RP select B	Agilent	XTerra® RP8	Waters
LiChrospher RP-8	Agilent	YMC-Pack™ C8	Waters
Luna C8(2)	Phenomenex	Zorbax C8	Agilent
Nova-Pak® C8	Waters	Zorbax Eclipse XDB-C8	Agilent
Nucleodur® C8 ec	Macherey & Nagel	Zorbax Rx-C8	Agilent
Nucleodur® C8 Gravity	Macherey & Nagel	Zorbax SB-C8	Agilent

L8			NH_2 Amino
monomolekulare Schicht aus Aminopropylsilan, chemisch gebunden an vollständig poröses Kieselgel 10 µm ID			
µBondapak™ NH2	Waters	Luna 10 µm NH2	Phenomenex
Hypersil APS	Agilent	Waters Spherisob® NH2	Waters
Hypersil APS	Thermo	YMC-Pack™ NH2	Waters
LiChrospher NH2	Agilent	Zorbax NH2	Agilent

Tab. 6.6 (Fortsetzung)

L9		SCX	
irreguläres, poröses Kieselgel mit chemisch gebundenem, stark saurem Kationentauscher 10 μm			
Luna 10 μm SCX	Phenomenex	SynChropak SCX	Agilent
Partisil 10 μm SCX	Phenomenex	ZorbaxSCX	Agilent
Partisil™ SCX	Thermo		

L10		CN	
Nitrilgruppe an porösem Kieselgel, 3–10 μm ID			
μBondapak™ CN	Waters	Luna CN 100 Å	Phenomenex
BioBasic CN	Thermo	Resolve™ CN	Waters
Capcell CN UG	Phenomenex	SUPELCOSIL LC-CN	Supelco
Hypersil BDS Cyano	Thermo	Waters Spherisob® CN	Waters
Hypersil CPS	Thermo	YMC-Pack™ CN	Waters
HypersilGOLD CN	Thermo	Zorbax CN	Agilent
LiChrospher CN	Agilent	Zorbax Eclipse XDB-CN	Agilent

L11		Phenyl/C_6H_5	
Phenylgruppe an porösem Kieselgel, 5–10 μm ID			
μBondapak™ Phenyl	Waters	Prodigy PH-3	Phenomenex
BioBasic Phenyl	Thermo	SUPELCOSIL LC-DP	Supelco
Gemini C6-Phenyl	Phenomenex	Synergie Polar RP	Phenomenex
Hypersil PDS Phenyl	Thermo	Waters Spherisob® Phenyl	Waters
Hypersil Phenyl	Thermo	XBridge™ Phenyl	Waters
Hypersil Phenyl-2	Thermo	XTerra® Phenyl	Waters
Luna Phenyl-Hexyl	Phenomenex	YMC-Pack™ Phenyl	Waters
Nova-Pak® Phenyl	Waters	Zorbax Eclipse XDB Phenyl	Agilent
Nucleodur® Sphinx RP	Macherey & Nagel	Zorbax Phenyl	Agilent
Nucleosil® C6H5	Macherey & Nagel		

L12			
starker Anionentauscher aus quartärem Amin, gebunden an sphärischen Kieselgelkern 30–50 μm ID			
Accell™ Plus QMA	Waters	YMC-Pack™ Phenyl	Waters

L13		C1	
Trimethylsilan, gebunden an poröses Kieselgel 3–10 μm ID			
Betasil C1	Thermo	TSKgel™ S-250	Phenomenex
Develosil™ S-UG(C1) 130 Å	Phenomenex	Waters SpherisorbRC1	Waters
Hypersil SAS	Thermo	YMC-Pack™ S	Waters
SUPELCOSIL LC-1	Supelco	Zorbax™ S	Agilent

Tab. 6.6 (Fortsetzung)

L14			SAX
Kieselgel überzogen mit Anionenaustauscher aus stark basischem quartärem Ammonium			
Hypersil SAX	Thermo	SUPELCOSIL LC-SAX	Supelco
Partisil 10 µm SAX	Phenomenex	SynChropak SAX	Agilent
Partisil SAX	Thermo	Waters Spherisorb® SAX	Waters
PartiSphere 5 µm SAX	Phenomenex	Zorbax SAX	Agilent

L15			C6
Hexylsilan gebunden an vollständig poröse Kieselgelteilchen, 3–10 µm ID			
Betasil C6	Thermo	Waters Spherisorb® C6	Waters
PhenoSphere	Phenomenex		

L16			C2
Dimethylsilan gebunden an vollständig poröse Kieselgelteichen, 3–10 µm ID			
Maxil RP2 60 Å	Phenomenex	Nucleosil® C2	Macherey & Nagel

L17			
starker Kationenaustauscher aus sulfoniertem quervernetztem Styrol-Divinylbenzol-Copolymer in protonierten Form, 7–11 µm			
HyperREZ XP Carbohydrate H⁺	Thermo	Rezex ROA	Phenomenex
IC-Pak™ Ion Exclusion	Waters	ShodexRRSpak™ DC-613	Waters
Rezex RHM Monosaccharide	Phenomenex	SUPELCOGEL C-610H	Supelco

L18			NH_2 + CN
Aminocyangruppe, chemisch gebunden an poröse Kieselgelpartikel, 5–10 µm			
Partisil PAC	Phenomenex		

L19			
starker Kationentauscher aus sulfoniertem, quervernetztem Styrol-Divinylbenzol-Copolymer (Calciumsalz), 9 µm			
HyperREZ XP Carbohyd. Ca^{2+}	Thermo	ShodexRSC-1011	Waters
Rezex RCM	Phenomenex	Sugar-Pak™ 1	Waters
Rezex RCU	Phenomenex	SUPELCOGEL Ca	Supelco

Tab. 6.6 (Fortsetzung)

L20		Diol	
Dihydroxypropan-Gruppen, gebunden an poröse Kieselgelteilchen 3–10 µm ID			
BETASIL Diol 100	Thermo	Shodex PROTEIN KW-800series	Phenomenex
LiChrospher Diol	Agilent	SUPELCOSIL LC-Diol	Supelco
Protein-Pak™ 125	Waters	TSKgel QC-PAK 200 and 300	Phenomenex
Protein-Pak™ 300SW	Waters	YMC-Pack™ Diol	Waters
Protein-Pak™ 60	Waters		

L21			
starres, sphärisches Styrol-Divinyl-Copolymer, 5–10 µm			
HyperREZ XP RP100	Thermo	PolymerX RP-1	Phenomenex
HyperREZ XP RP300	Thermo	PRP-1	Hamilton
Phenogel 100 Å	Phenomenex	Shodex® RSpak™ 613	Waters

L22		SCX	
Kationenaustauscher aus porösem Polystyrol-Gel mit Sulfonsäuregruppen, ca. 10 µm ID			
HyperREZ XP SCX	Thermo	Shodex® RSpak™ DC613	Waters
IC-Pak™ Ion Exclusion	Waters	Shodex® SP-0810	Waters
MCI-GEL ProtEX®-SP	Supelco	SynChropak PL-1000 SCX	Agilent
Rezex ROA	Phenomenex	TSK-GEL SP-5P	Supelco

L23		AXC	
Ionenaustauscher aus porösem Polymethylacrylat oder Polyacrylat-Gel mit quartären Ammoniumgruppen, 10 µm			
BioSuite™ Q AXC	Waters	TSKgel SuperQ-5PW	Phenomenex
Shodex IEC QA-825	Phenomenex	TSK-GEL® DEAE 5PW	Supelco
TSKgel BioAssist Q	Phenomenex		

L24			
halbstarres hydrophiles Gel aus Vinylpolymeren mit zahlreichen Hydroxylgruppen an der Oberfläche, 32–63 µm			
Toyopearl® HW F grade	Supelco	YMC-Pack™ PVA-Sil	Waters

L25			
Säulenfüllung zur Trennung von Substanzen mit einem MG-Bereich von 100 bis 5000, einsetzbar für neutrale, anionische oder kationische und wasserlösliche Polymere			
PL aquagel-OH	Agilent	TSK-GEL G-Oligo PW	Supelco
PolySep-GFC-P2000	Phenomenex	Ultrahydrogel™ DP+120	Waters
Shodex OHpak SB-802.5HQ	Phenomenex		

Tab. 6.6 (Fortsetzung)

L26				C$_4$/Butyl
Butylsilan, chemisch gebunden an vollständig poröse Kieselgelpartikel, 5–10 µm ID				
BetaBasic 4	Thermo	Nucleosil® C4		Macherey & Nagel
BioBasic 4	Thermo	Symmetry300™ C4		Waters
Delta-Pak™ C4	Waters	SynChropak C4		Agilent
Jupiter 300C4	Phenomenex	YMC™ C4(Butyl)		Waters

L27			
poröse Kieselgelpartikel, 30–50 µm ID			
HyperPrep™ Silica	Thermo	Sepra	Phenomenex
PorasilR	Waters	YMC-Pack™ Silica	Waters

L28
multifunktionale Säulenfüllung, bestehend aus hochreinen sphärischen Kieselgelpartikeln (100 Å), gebunden sowohl an eine anionische Gruppe als auch eine Reverse-Phase-C8-Gruppe

L29	
Gamma-Aluminiumoxid, Reverse Phase, kleine Kohlenstoffbeladung auf aluminiumoxid-basierenden sphärischen Polybutadien-Partikeln, 5 µm, 80 Å Porendurchmesser	
Aluspher® RP-Select-B	Supelco Sigma Aldrich

L30			
Ethylsilan, gebunden an vollständig poröses Kieselgel, 3–10 µm ID			
LiChrosorb® RP-2	Supelco Sigma Aldrich	Maxsil RP2 60 Å	Phenomenex

L31	
starker Anionentauscher (quartäres Amin) an Latexteilchen auf einem Kern von 8,5-µm-makroporösen Partikeln mit einer Porenweite von 2000 Å. Die Partikel bestehen aus Ethylvinylbenzol, quervernetzt mit 55 % Divinylbenzol.	
Dionex® AS-10	Dionex

L32	
chirale ligandenaustauschende Säulenfüllung, L-Prolin-Kupferkomplex an unregelmäßigen Kieselgelpartikeln, 5–10 µm ID	
Nucleosil Chiral-1	Phenomenex

Tab. 6.6 (Fortsetzung)

L33

Packung, die Proteine nach Molekülgröße trennt (4000–400 000 Da); sphärisches Kieselgelmaterial, modifiziert zur Stabilisierung gegen extreme pH-Werte

BioBasic SEC	Thermo	YMC-Pack™ 200 Å Diol	Waters
BioSep-SEC-S2000	Phenomenex	Zorbax GF-250	Agilent
TSK-GEL 2000 plus	Supelco		

L34

starker Kationentauscher aus sulfoniertem quervernetztem Styrol-Divinylbenzol-Copolymer (Bleisalz), 9 µm

HyperREZ XP Carbohydr. Pb^{2+}	Thermo	Shodex® SP0810	Waters
Rezex RPM Monosaccheride	Phenomenex	SUPELCOGEL Pb	Supelco

L35

mit Zirconium stabilisierte sphärische Kieselgelpackung mit einer hydrophilen (Dioltyp) monomolekularen Schicht

BioSep-SEC-S2000	Phenomenex	Zorbax GF-450	Agilent
Zorbax GF-250	Agilent		

L36

L-Phenylglycin-3,5-dinitrobenzoyl auf 5-µm-Aminopropyl-Kieselgel

Nucleosil Chiral-3	Phenomenex

L37

Polymethacrylat-Gel, das Proteine nach Molekülgröße trennt (2000–40 000 Da)

PolySep-GFC-P3000	Phenomenex	Toyopearl HW 40F	Supelco
Shodex OHpak SB-803HQ	Phenomenex	Ultrahydrogel™ 250	Waters

L38

auf Methylacrylat basierende Packung zur Gelfiltration wasserlöslicher Substanzen

PolySep-GFC-P1000	Phenomenex	TSK-Gel PW/PWXL	Supelco
Shodex OHpak SB-802HQ	Phenomenex	Ultrahydrogel™	Waters

L39

hydrophiles Polyhydromethacrylat-Gel aus vollständig porösem sphärischem Harz

PolySep-GFC-P Serie	Phenomenex	Shodex RSpak DM-614	Phenomenex
Shodex OHpak SB-800HQ Serie	Phenomencx	Ultrahydrogel™	Waters

Tab. 6.6 (Fortsetzung)

L40

poröse Kieselgelpartikel, beschichtet mit Cellulose-tris-3,5-dimethylphenylcarbamat, 5–20 μm

L41

immobilisiertes Alpha-Säureglycoprotein auf sphärischen Kieselgelpartikeln, 5 μm

L42

Octylsilan und Octadecylsilan an porösen Kieselgelpartikeln

L43

Pentafluorphenyl-Gruppen, chemisch gebunden an Kieselgelpartikel

| Curosil-PFP | Phenomenex | SUPELCOSIL LC-F | Supelco |
| Hypersil GOLD PFP | Thermo | | |

L44

multifunktionelle Packung aus hochreinem sphärischem Kieselgel (60 Å), chemisch gebunden mit Kationentauscher (Sulfonsäure) und Reverse Phase C8

L45

β-Cyclodextrin, gebunden an poröse Kieselgelpartikel, 5–10 μm ID

| ChiraDex Chiral | Agilent | Shiseido Chiral CD-Ph | Phenomenex |
| Nucleodex Beta-PM | Phenomenex | | |

L46

Polystyrol/Divinylbenzol-Substrat mit Latexperlen mit quartärer Aminogruppe, 10 μm

L47

mikroporöser Anionentauscher mit hoher Kapazität, vollständig mit Trimethylamingruppen versehen, 8 μm

L48

sulfoniertes quervernetztes Polystyrol mit äußerer Schicht aus porösen Submikron-Anionentauschkugeln, 15 μm

L49

mit Amylose-tris-3,5-dimethylphenyl-carabamat beschichtete, poröse, sphärische Kieselgelpartikel, 5–10 μm

Tab. 6.6 (Fortsetzung)

L50

starker Kationentauscher aus porösem Kieselgel mit Sulfopropylgruppen, 5–10 µm

SynChropak SCX	Agilent	Zorbax 300SCX	Agilent

L51

RP-Packung aus dünner Schicht Polybutadien auf porösen sphärischen Zirconoxid-Partikeln, 3–10 µm

L52

multifunktionales Harz mit RP- und starken Anionentauscher-Eigenschaften, besteht aus Ethylvinylbenzol (55 %) quervernetzt mit Divinylbenzol-Copolymer (3–5 µm, Oberfläche über 350 m^2/g. Das Substrat ist beschichtet mit Latexpartikeln aus einem quervernetzten Styrol/Divinylbenzol, funktionalisiert mit quartären Ammoniumgruppen

BioBasic SCX	Thermo	TSKgel SP-2SW	Phenomenex

L53

Anionentauscher aus starrem sphärischem Styrol/Divinylbenzol-Copolymer mit Trimethylammoniumgruppen, Abdeckung von 2 meg/g, 3–29 µm

L54

starker Kationentauscher aus sulfoniertem quervernetztem Styrol-Divinylbenzol-Copolymer, Natriumform, 7–11 µm

L55

schwacher Kationentauscher aus Ethylvinylbenzol, 55 % quervernetzt mit Divinylbenzol-Copolymer 3–5 µm. Das Substrat ist an der Oberfläche gekoppelt an Monomere, die mit einer Carbonsäure und/oder Phosphorsäure funktionalisiert sind; Kapazität nicht weniger als 500 µeq/Säule.

6.6
HPLC: Methodenentwicklung

Eine Methode wird schrittweise entwickelt. Dazu gehört die Sammlung von Information über die Probe, die Festlegung der analytischen Ziele, die Auswahl des Verfahrens und schließlich dessen Optimierung. Einen schematischen Überblick gitb Abbildung 6.13.

Informationen über die Probe

- Probennahme

   Die dabei auftretenden Fehler können die anderen möglichen Fehler um Größenordnungen übertreffen!

    – Ist die Probe ein repräsentativer Querschnitt der zu untersuchenden Substanz?
    – Wurde die Probe nach statistischen Gesichtspunkten gezogen?
    – Ist die Probe homogen?
    – Ist die Probe bis zur und während der Analyse stabil?

- Eigenschaften der Probe
    – Formel, Molmasse, Polarität
    – Löslichkeit (in Wasser, Acetonitril, Methanol, THF, *n*-Hexan)
    – Synthese (Ausgangsstoffe, Vorstufen, Lösungsmittel)
    – Spalt- und Nebenprodukte
    – Säure-Base-Verhalten in wässriger Lösung
    – Literatur (Internetrecherche)

- Probenvorbereitung
    – Löslichkeit der Probe ist Grundvoraussetzung HPLC-Analyse!
    – Reinigung der Probe durch:
      · Filtration (Spritzenfilter 4 µ)
      · Extraktion (Wasser/*n*-Hexan)
      · Festphasenextraktion
        (Spritzensäulen zum Aufkonzentrieren und Reinigen)

Analytische Ziele
- Welche Nachweisgrenze (LOD) und welche Bestimmungsgrenze (LOQ) wird angestrebt?
- Welche Auflösung R ist mindestens erforderlich?
- Welches Tailing darf der Peak aufweisen?
- Wie viel Arbeitszeit wird in die Methodensuche investiert?

Alle Informations- und Arbeitsschritte im Rahmen der Methodensuche müssen schriftlich dokumentiert werden. Protokoll!

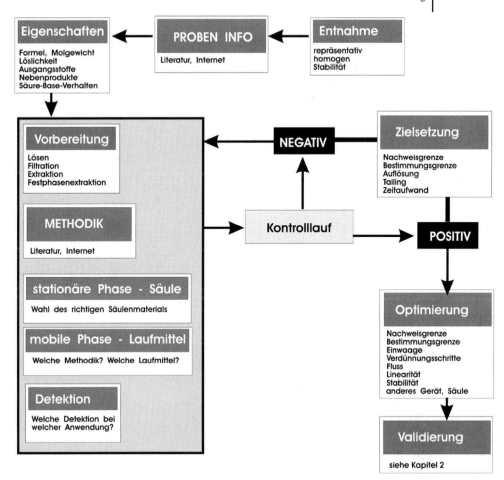

Abb. 6.13 Schema zur HPLC-Methodenentwicklung.

Auswahl der Methode (Abb. 6.14)
Festlegung von Verfahren, Säule, Laufmittel, Detektion und Probevorbereitung
- Suche (Internet, Literatur, USP, Pharm EU) nach Produkt oder Ähnlichem
- Auswahl der stationären Phase nach dem Schema „Richtige Wahl des Säulenmaterials" (Abschnitt 6.5)
- Wahl der Methode und der mobilen Phase (Abschnitt 6.3)
- Wahl des Detektionsverfahrens (Abschnitt 6.2, Tab. 6.1)

Ein interessantes Methodenauswahlverfahren wird von Agilent beschrieben.

Kontrolllauf
Methode, Detektion und Probevorbereitung sind festgelegt. Die ersten Probeläufe werden durchgeführt. Alle Standard- und Probelösungen werden bei einem Gradientenlauf von 10–90 % beobachtet. Die Parameter werden so lange verändert, bis das Ziel (z. B. $k' = 1–5$, Auflösung $R > 1,5$, Tailingfaktor $T < 1,2$) erreicht ist (siehe Abschnitt 3.1).

Optimierung
Abschließend wird die Methode optimiert und getestet, um eine spätere Validierung zu erleichtern.
- Nachweisgrenze und Bestimmungsgrenze ermitteln
  (Einwaage oder Injektionsmenge erhöhen)
- Einwaage und Verdünnungsschritte anpassen
  (Wie viel Probe? Welche Waage? Welche Pipetten?)
- Fluss optimieren (Van-Deemter-Gleichung)
- Probevorbereitung vereinfachen
  (Verdünnungsschritte einsparen oder automatisieren, Zentrifuge statt Filter)
- Stabilität der Probelösungen prüfen
- Linearität mit verschiedenen Einwaagen vortesten
- anderes Gerät, andere Säule verwenden
  (spart Ärger bei der späteren Validierung)

Fertige Methode schriftlich aufzeichnen!

6.6 HPLC: Methodenentwicklung

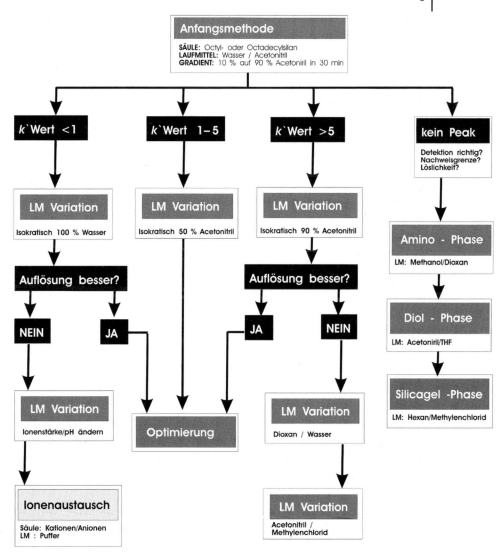

Abb. 6.14 Schema zur Methodenauswahl in der HPLC.

6.7
HPLC: Qualifizierung

Reproduzierbare Analyseergebnisse (GMP) erhält man nur, wenn unabhängig vom Gerät und der ausführenden Person die gleichen Messparameter eingestellt werden. Die regelmäßige Kalibrierung und Wartung der Geräte ist nachzuweisen.

IQ – Installation Qualification
Nach vorher festgelegten Anforderungen (Pflichtenheft) wird überprüft, ob alle angeführten Punkte eingehalten wurden. Dazu gehören der Lieferumfang, die Art der Geräte und die Softwareversionen (Checkliste).

OQ/PV – Operational Qualification-Performance Verification (Abb. 6.15)
Die Gerätfunktionen werden in bestimmten Zeitabständen (halbjährlich, jährlich) überprüft, um die ordnungsgemäße Funktion nach festgelegten Grenzwerten zu gewährleisten.

Tab. 6.7 Grenzwerte für ordnungsgemäße Funktion von HPLC-Bauteilen.

Gerät	Testbedingungen	Grenzwerte
PUMPE Flussrichtigkeit	Fluss bei 1 ml/min und 2 ml/min messen	Abweichung unter ± 5 %
Flusspräzision	5 Messungen in 150 s mit Flusssensormessgerät	RSD < 0,5 %
Druckpulsation (Ripple)	wird im Gerät angezeigt	< 0,5 %
Mischgenauigkeit Gradient	Kanal A: Wasser; über Kanal B wird stufenweise 0,5 % Aceton zugemischt. Als Säule wird eine Rückstaukapillare verwendet (ID: 0,12 mm, Länge: 5 m).	grafische Darstellung der Stufen 100 % A / 90 % A / 89 % A / 50 % A / 30 % A / 0 % A / 20 % A / 40 % A
AUTOSAMPLER Präzision	6 Injektionen Coffein (LM Wasser, Säule Rückstaukapillare)	RSD Fläche < 1,0 % RSD Höhe < 2,0 %
Richtigkeit	10 Injektionen durch Abwaage kontrollieren	RSD < 2,0 %
Linearität	1/10/20/50/100 µl Coffein injizieren	Korrelation > 0,999
Verschleppung	3× Wasser, 3× Coffein, 1× Wasser injizieren	> 0,2 % Carry over
DETEKTOR Richtigkeit nm	mit Coffein messen	Max. 205 und 273 nm Min. 245 nm Abweichung ± 2 nm
Linearität	0,5/1,0/5/25/50 µl Coffein bei 205 und 273 nm	Korrelation > 0,999
Basisrauschen (Noise)	mit Wasser messen	VWD 0,04 mAU
Drift	mit Wasser messen	VWD 0,5 mAU/Std.
Holmiumfiltertest	wird von Gerät durchgeführt	± 2 nm (360,8/418,5/536,4 nm)
SÄULENOFEN	Temperaturmessung	± 2,0 °C

PQ – Performance Qualification (Systemtest) (Abb. 6.15)

Zur Überprüfung des gesamten Systems (Gerät, Lösungsmittel, Säule, Methode) wird vor jeder Analyse ein Systemtest durchgeführt. Dabei werden vor der Analyse 5 Gehaltsstandards injiziert. Bei Nebenproduktanalysen werden für die Nachweisgrenze und die Bestimmungsgrenze geeignete Standards injiziert.

Daraus werden Auflösung, Tailing, Variationskoeffizient (RSD), relative Retentionszeit, Bodenzahl, Nachweisgrenze, Signal/Noise-Verhältnis und Bestimmungsgrenze ermittelt.

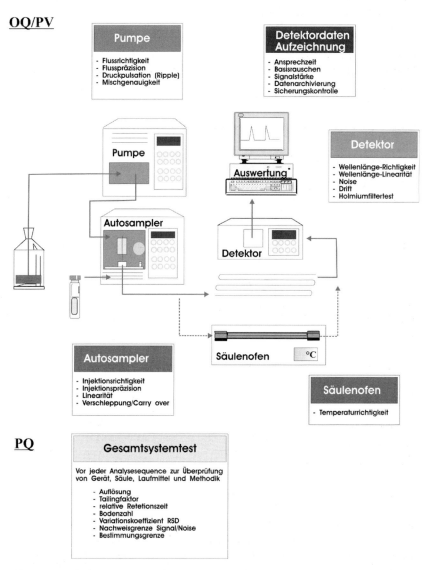

Abb. 6.15 Detailschema OQ/PV und PQ.

6.8
HPLC: Fehlersuche

Um einen Fehler beheben zu können, muss man ihn identifiziert haben. Es gibt leicht sichtbare Fehler (Error, Press to high, Fehler im Chromatogramm wie Peakform oder Basis); Fehler bei Probezug und Probe können dagegen sehr schwer erkennbar sein. Die Fehlersuche ist zu dokumentieren.

Dokumentation
Jedes Problem sollte in einem dafür vorgesehen Logbuch genau beschrieben werden, um es gegebenenfalls später wiederzuerkennen und um Erfahrung weiterzugeben.
- Welches Problem?
- Welche mögliche Ursache?
- Welche Abhilfe?

Schriftlich und ausführlich!

Die ersten 15 Minuten
In einer Fehler- und Reparaturliste, die zwei Jahre lang in einem Pharmaziebetrieb mit 9 HPLC-Geräten geführt worden war, fanden sich 92 Einträge. Davon waren 93 % „Standardprobleme", die in 15 Minuten erkannt oder mit Standardprozeduren bereits bereinigt waren.

In 57 % der Fälle war der Druck zu hoch, in 25 % die Lampe im Detektor defekt, 11 % entfielen auf das Autosampler-Reotimeventil. Der Rest (7 %) verteilte sich auf Degasser, Netzteil, Laufmittel, Probe und Hardware.

Erste Schritte sind:
- Richtigkeit der Probe und des Injektionsvolumen kontrollieren
- Laufmittel neu zubereiten
- neue Säule verwenden
- verstopfte Laufmittelfilter, Pumpenfritten wechseln
- verstopfte Kapillaren wechseln reinigen
- abgenutztes Umschaltventil im Autosampler wechseln
- neue Lampe in Detektor einbauen

Mit diesen Maßnahmen behebt man bis zu 93 % der Probleme an einem HPLC-Gerät!

Werkzeug und Ersatzteile

Werkzeug: geeignete Schraubenzieher, Gabelschlüssel, Inbusschlüssel; Ultraschallbad zum Reinigen der Pumpenteile

Ersatzteile: Lösungsmittelfilter (Fritten), Kapillaren, Säulenanschlüsse, Detektorlampe, Umschaltventile (Reotime), Pumpendichtungen, Pumpenkolben, Injektionsnadel, Nadelsitze;

sollten immer vorhanden sein und können vom Benutzer selbst gewechselt werden

Fehler, die man in den ersten 15 Minuten nicht lokalisieren kann, muss man systematisch suchen.

Fehlersuchstrategien

- **Flussmessung beim Laufmittelabfall:** Eine Differenz zwischen eingestelltem und gemessenem Fluss weist auf ein Leak oder Pumpenproblem hin.

- Wechseln von Säule, Laufmittel und Probe auf ein anderes Gerät: Schränkt den Fehler auf Gerät oder Chromatographie ein.

- **Von hinten nach vorne:** Bei Druck > 400 bar wird die Verstopfungsstelle durch Öffnen der Kapillaranschlüsse vom Detektor bis zum Pumpeneingang gesucht.

- **Immer nur einen Parameter ändern**
  - Teil (Ventil usw.) wechseln
  - Fehler behoben? Altes Teil wegwerfen!
  - Fehler nicht behoben? Altes Teil wieder einbauen!

  So vermeidet man, dass sich undefinierbare Ersatzteile ansammeln.

- **Seltene Fehler, Doppelfehler**
  Treffen zwei Fehler zusammen, so ist die Klärung oft langwierig. So kann ein verschmutztes Laufmittel mit einer alternden Detektorlampe zusammenfallen; das Beheben eines Fehlers lässt trotzdem eine rauschende Basislinie zurück. Das Wechseln des Geräts zeigt dasselbe Ergebnis. Hier hilft nur, das Gerätesystem neu zu testen und die Chromatographie neu vorzubereiten (Laufmittel, Säule, Probe).

  Auch Säulenbluten (langsames Auslaufen der stationären Phase) kann auf unterschiedliche Weise in Erscheinung treten.

Sind vom Fehler Chromatographie, Geräte, Software oder Hardware betroffen?

Nur ein Experte erkennt, wann ein Experte zu Rate gezogen werden muss!

Eine Kurzanleitung zur Fehlersuche geben die Tabellen 6.8 bis 6.10 und Abbildung 6.16.

6 Hochdruck-Flüssigkeitschromatographie (HPLC)

Tab. 6.8 Fehlersuche Chromatogramm und Integration.

Fehlerbeschreibung	Mögliche Ursachen
Kein Peak vorhanden	kein Fluss (Leak), falsche Probe, Laufmittel, Gradient, Säule, Injektion, defekte Lampe
Retentionszeit schwankt	Druck und Fluss oder Gradient nicht konstant, verbrauchte Säule, falscher pH, Leak
Peakfläche schwankt oder wird größer/kleiner	Verschleppung vom Vorlauf, Einspritzteil (Reotimeventil, Kolben) defekt, Integration nicht reproduzierbar (Vergleich von Höhe und Fläche?), Peakform ändert sich (verbrauchte Säule), Überdruck im Vial (durch Temperaturunterschied)
Peaktailing/-fronting	Totvolumen (Säulenanschluss), Leak vor der Säule, falscher pH, verbrauchte Säule, Ofentemperatur, Verschleppung, Säule überladen
Peak zu breit	Totvolumen, Pumpenfritte verschmutzt, Säule überladen, Lampe alt, Leak nach der Säule, falscher pH
Doppelpeak/Geisterpeak	Totvolumen, Verschleppung, falsches Laufmittel, Gradient, Probe, verbrauchte Säule, Probe nicht stabil
Basisliniendrift	Säule nicht konditioniert, Gradient zu schnell (max. 2 %/min), Säule oder Laufmittel verschmutzt, Ofentemperatur schwankt
Basis wellenförmig	Druckschwankung, Laufmittelfilter verschmutzt, Pumpendichtung schlecht, Luft in der Detektorzelle, Laufmittel verschmutzt, Degasserproblem
Basisrauschen elektronisch	defekte Detektorlampe oder defektes Detektorboard
Basisrauschen unregelmäßig	Luft in der Detektorzelle, verschmutzte Zelle, Spiegel oder Laufmittel, Lampe defekt
Auflösung nicht entsprechend	Totvolumen, verbrauchte Säule, falsches (altes) Laufmittel oder Gradient

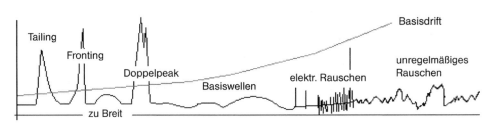

Abb. 6.16 Zu Tabelle 6.8.

Tab. 6.9 Fehlersuche Geräte.

Fehlerbeschreibung	Mögliche Ursachen
Druck zu hoch (> 400 bar)	verstopfte Kapillare, Nadel, Filter oder Säule, Reotimeventil verklemmt, Puffer fällt aus (z. B. mehr als 70 % Acetonitril)
Druckschwankung (Ripple > 2 %)	Pumpendichtung defekt, Filterfritte verunreinigt, Gradient zu steil, Mischung höher als 50 % Methanol (Acetonitril)
Kein Druck	Leak, Purgeventil offen, kein Laufmittel in der Pumpe, Pumpenkolben gebrochen, Pumpenantrieb defekt
Leak	Verschraubung nachziehen oder neu eindichten
Error Pumpe	Verbindung zur Steuerung nicht vorhanden, Pumpenkolben steckt fest, Antrieb heiß, Sicherung defekt, Leak, Board defekt
Error Autosampler	Verbindung zur Steuerung nicht vorhanden, Nadel defekt, Vial fehlt oder ist am falschen Platz, Leak, Board defekt
Error Detektor	Verbindung zur Steuerung nicht vorhanden, Lampe zündet nicht, Zelle defekt, Leak, Board defekt
Not Ready Pumpe	Verbindung zur Steuerung nicht vorhanden, Ripple zu hoch, Sicherung defekt
Degasser mangelhaft	Basis instabil, Druck schwankt
Steuerung/Chemstation	Kabel- und Steckerkontrolle, keine Verbindung zu den Geräten, Softwarefehler, Hardwareproblem

Tab. 6.10 Fehlersuche Standard, Probe, Laufmittel, Berechnung.

Fehlerbeschreibung	Mögliche Ursachen
Probe	Probezug nicht statistisch, Probebeschriftung verwechselt, Probe nicht stabil, Probenposition falsch
Probevorbereitung	Einwaage, Verdünnung
Standard	Reinheit, Einwaage, Verdünnung falsch
Ergebnis	falsche Berechnung, falsche Eingabe, Double Check
Laufmittelqualität	Laufmittel verunreinigt, Chemikalien abgelaufen, Filtration schlecht

6.9
HPLC: Beispiel für SOP

In einer Standard-Arbeitsanweisung (SOP) werden alle Arbeitsabläufe beschrieben, die im HPLC-Labor eine Rolle spielen. Arbeitsschritte, die bereits in anderen SOPs erfasst werden, sind jeweils ausgenommen.

Arbeitsabläufe High Pressure Liquid Chromatography-(HPLC-)Labor

SOP HPLC1/2007 Version 3
Gültig ab: 20.09.07
Prüfleiter/Ersteller: Karl Sommer
Erstellt am: 10.07.07
Qualitätssicherungsüberprüfung von: Dr. Feingehalt
Überprüft am: 18.08.2007
Nächste Überprüfung: 08/08

Diese SOP gilt für alle Mitarbeiter des HPLC Labor.

Probevorbereitung
Alle Proben und Standards werden auf der Analysenwaage auf 0,01 mg genau eingewogen und die Einwaage durch einen Waagendrucker dokumentiert. Das Lösen und Pipettieren der Proben wird in geeichten Messkolben und mit überprüften Pipetten durchgeführt. Die fertige Probe wird in Vials abgefüllt, mit Vialcaps verschlossen und beschriftet.

Laufmittel
Laufmittel werden nur in der besten Qualität (HPLC grad) verwendet. Die Einwaagen der Zusatzstoffe für das Laufmittel werden auf der oberschaligen Laborwaage mit einer Genauigkeit von 0,1 g durchgeführt.

Das verwendete Wasser wird durch eine Reinstwasseranlage erzeugt.

Die pH Einstellung erfolgt vor dem Mischen mit dem organischem Lösungsmittel (max. Abweichung ± 0,1).

Das fertige Laufmittel wird vor dem Einsatz durch eine 0,4-µ-Filterfritte filtriert.

Methoden- und Säulenauswahl
Die Methoden werden in einer eigenen Methodenkartei verwaltet. Die nach laufender Nummer geordneten Methoden enthalten Angaben zu folgenden Parametern:
- Produktname und Untersuchungsauftrag
- Standard, Standardeinwaage und Verdünnung
- Probenvorbereitung
- Säulenparameter und Verwaltungsnummer
- Laufmittelzusammensetzung, Fluss und Gradientenparameter

- Detektion und Detektoreinstellungen
- Injektionsreihenfolge und Injektionsmenge
- Retentionszeit
- Systemtestparameter (VK, Auflösung, Peaksymmetrie usw.)
- Peakauswertung, Berechnungsparameter und Responsefaktoren (Fl%, Gew% usw.)
- Beispielchromatogramm

Gerätevorbereitung

Im Detektor wird die Lampe eingeschaltet und die in der Methode angegebene Wellenlänge eingestellt.

Am Autosampler werden die Einspritzreihenfolge und die Injektionsmenge eingegeben.

Die Pumpe wird mit dem Laufmittel bei einem Fluss von 5 ml/min ca. 5 min gespült (purge).

Die Entgasung der Laufmittel erfolgt durch einen Vakuumdegasser oder durch Begasen mit Helium.

Die Säule wird unter Beachtung der Flussrichtung an die Kapillaren angeschlossen. Dabei ist darauf zu achten, dass das Kapillarenende direkt am Säulenanfang bzw. -ende aufsetzt, um ein Totvolumen zu vermeiden.

Zur Konditionierung der Säule wird das Laufmittel so lange gepumpt, bis das Detektorsignal eine horizontale Linie zeigt.

Systemtest

Zur Überprüfung des HPLC-Systems werden vor einer Analysenserie verschiedene Standardtests injiziert. Wenn in der Methode nichts anders angegeben wird, sind das:

- **Blindwert** 1× injiziert (meist Laufmittel), um Systempeak oder Geisterpeaks auszuschließen
- **Standardlösung** 5× injiziert, Vergleich der Peakflächen (VK unter 1 %)
- **Vergleichslösung mit mehreren Peaks** 1× injiziert zur Berechnung der Auflösung zwischen den beiden nächsten Peaks (mind. 1,5) und dem Tailingfaktor des Hauptpeaks (~ 0,7–1,3)
- **Vergleichslösung** zur Bestimmung der Nachweis- und Bestimmungsgrenze (z. B. LOD 0,03 %, LOQ 0,05 %)

Sind alle Parameter innerhalb der angegebenen Grenzen, kann mit der Probenanalyse begonnen werden. Ein weiterer Standardlauf wird nach jeder fünften Probe durchgeführt.

Integration, Berechnen und Berichten

Die Berechnung der Analyseergebnisse erfolgt im Datensystem. Die Integration sollte nach Möglichkeit von Basislinie zu Basislinie verlaufen. Bei nicht ganz getrennten Peaks erfolgt die Integration im Lot auf die Basislinie. Die Peakerkennung und -beschriftung ist auch bei unbekannten Peaks durchzuführen.

Der Einsatz eines manuellen Integrationsparameters ist zu vermeiden und nur in Ausnahmefällen erlaubt.

Die Berechnung erfolgt durch Eingeben der Einwaagen und Verdünnungsschritte an den dafür vorgesehenen Masken automatisch.

Diese Ergebnisse werden stichprobenartig durch manuelles Nachrechnen überprüft und direkt an den Auftraggeber weitergeleitet. Bei sehr komplexen Analysen wird eine Kopie des Chromatogramms beigelegt.

Archivierung

Die Rohdaten auf Papier werden in einem verschlossenen Raum mit Brandschutzmelder abgelegt. Die elektronischen Daten werden durch Doppelte Serversicherung von der eigenen EDV-Abteilung gesichert. Von den analysierten Proben wird ein Rückmuster aufbewahrt, um spätere Reklamationen überprüfen zu können.

Wartung und Kalibrierung der Geräte

Für jedes HPLC-Gerät wird ein eigenes Logbuch geführt, das auftretende Fehler und deren Behebung dokumentiert. Durchgeführte Tests, Testintervalle und die Testergebnisse werden festgehalten. Einmal jährlich erfolgt ein Gesamtsystemtest der folgende Punkte enthalten muss:

- **Pumpe:** Flussrichtigkeit, Präzision und Mischgenauigkeit bei Gradienten
- **Autosampler:** Injektionspräzision, Richtigkeit, Linearität und Verschleppung
- **Detekor:** Richtigkeit der Wellenlänge, Linearität, Rauschen und Drift
- **Säulenofen:** Temperaturgenauigkeit

Reparaturen und Wartung werden nur von externem Fachpersonal durchgeführt.

Allgemeines

Alle Abschlussdokumente müssen von einem zweiten Mitarbeiter geprüft werden, um Verwechslungen auszuschließen. Alle Abweichungen von dieser SOP oder von dem erwarteten Ergebnis sind sofort dem Prüfleiter zur Kenntnis zu bringen.

Diese SOP wurde am 27.09.07 an alle Mitarbeiter des GC Labors ausgegeben. Es erfolgte eine Schulung durch den Prüfleiter. Die nächste Nachschulung findet bei Bedarf, spätestens aber 10/2008 statt.

Karl Sommer Dr. Feingehalt
Prüfleiter Leiter der Qualitätssicherung

Schulung bestätigt:
28.09.07 Marion Herbst
28.09.07 Herbert Winter
28.09.07 Sibylle Frühling

6.10
HPLC: Arbeitsschritte in der Praxis – Software Chromeleon

Praktische Durchführung einer HPLC-Analyse

Anhand einer einfachen Analyse einer handelsüblichen Vitamintablette wird die Vorgehensweise bei einer HPLC-Analyse schrittweise erklärt.

Dazu wird das Gerät HP1100 (Agilent) mit binärem Pumpensystem und UV-VWD-Detektor verwendet. Die Steuer- und Auswertesoftware ist Chromeleon (Dionex).

Eine HPLC-Analyse umfasst folgende Arbeitsschritte:
- Methode und Methodenkarte auswählen
- Standard- und Probenvorbereitung durchführen
- Gerät vorbereiten, Säule konditionieren
- Sequence erstellen
- Blindwert, Standard und Probe starten
- Systemtestparameter berechnen und überprüfen
- Probe auswerten
- Analyseergebnisse berichten (Report)

Methode und Methodenkarte

Meistens sind Methoden in Applikationsdatenbanken nur sehr allgemein beschrieben; Angaben zu Probenvorbereitung, Einspritzmengen sowie die genauen Säulenbezeichnung fehlen oft. Daher sollte sich jeder Anwender eigene, auf seine Bedürfnisse und Anforderungen abgestimmte Methodenkarten schreiben. Hinweise auf Probleme und Fehlerquellen können die Qualität der Analyse wesentlich verbessern.

Standard und Probenvorbereitung

Die Standards werden auf einer Analysenwaage auf 0,01 mg genau in einen 25-ml-Messkolben eingewogen und in Wasser/Methanol 1 : 1 gelöst.

- 20,48 mg Nicotinamid (Fluka p. a.)
- 8,32 mg Pyridoxin HCl (Fluka p. a.)

Als Probe werden 2 Tabletten in einen 25-ml-Messkolben gegeben, mit Wasser/Methanol 1 : 1 versetzt, und 30 min im Ultraschall suspendiert. Den Kolben abkühlen lassen und bis zur Marke auffüllen. Mit einem Spritzenfilter (4 µ) klarfiltrieren.

MethNr/VITA001
Wasserlösliche Vitamine
Gehalt von Ascorbinsäure, Nicotinamid, Pyridoxin, Thiamin und Riboflavin in Vitamintabletten

Standardlösung (Std 1)
25 mg Nicotinamid (Nic) und 10 mg Pyridoxin HCl (Pyr) werden in einem 25-ml-Messkolben in Wasser/Methanol 1 : 1 gelöst.

Probelösung (Pr)
2 Tabletten werden in einem 100-ml-Messkolben in Wasser/Methanol 1 : 1 suspendiert (30 min, Ultraschallbad). Die Tablettenhilfsstoffe werden mit einem Spritzenfilter (0,4 µ) abfiltriert und das Filtrat als Probelösung verwendet.

Säule
Nucleosil® 100–5 µ C_{18} HD 250 mm × 4 mm – Interne Bezeichnung: VITA001

Laufmittel
LM A: 5 mM Hexansulfonsäure-Natriumsalz in Wasser, pH 3,0 mit Phosphorsäure 1 : 1
LM B: Methanol
Mischung A : B = 75 : 25

Fluss: 0,90 ml/min
Detektor: 266 nm
Stopzeit: 20 min
Injektionsmenge: 3 µl
Injektionsreihenfolge: 1× Blindwert/5× Std1/1× Pr1
Systemtestparameter:
- Variationskoeffizient von Nic aus den 5 Standardinjektionen < 1,5 %
- Auflösung zwischen Nic und Pyr min. 1,5
- Tailingfaktor bei Nic zwischen 0,8 und 1,2

Säulenofentemperatur: 40 °C
Autosamplertemperatur: Raumtemperatur
Integration: Minimum Area 0,05 mAU
Berechnung: Alle Peaks werden auf den Nic-Standardpeak bezogen, Ergebnisse in mg/Tablette.

Beispielchromatogramm

1 Asc	Ascorbinsäure	3,0 min
2 Nic	Nicotinamid	3,9 min
3 Pyr	Pyridoxin	4,7 min
4 Thi	Thiamin	5,9 min
5 Rib	Riboflavin	11,7 min

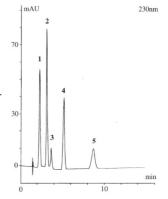

Abb. 6.17 Chromatogramm für wasserlösliche Vitamine.

Gerät vorbereiten

Der Ansaugschlauch mit Frittenfilter (0,4 µ) wird in das vorbereitete Laufmittel gegeben.

Die Säule (Nucleosil® 100–5 µ C18 HD 250 × 4 mm) wird eingebaut.

Zur Steuerung des Chromatographen wird ein selbst gestaltetes Panel der Software „Chromeleon" von Dionex verwendet (Abb. 6.18). Als Erstes wird durch Anklicken der Schaltflächen Connect eine Verbindung zu den Geräteteilen hergestellt. Dann werden die Geräteteile einzeln gestartet. Ein grünes Licht zeigt den Ready-Zustand an.

Nun werden die in der Methode angegebenen Werte an den einzelnen Modulen eingestellt:

- Wellenlänge Detektor (266 nm)
- Kanal A soll 100 % fördern
- Ofentemperatur 40 °C
- Pumpenfluss zum Purgen 5 ml/min, später 0,9 ml/min

Konditionieren der Säule

Die Pumpe wird mit einem Fluss von 5 ml/min ca.10 min durchgespült (Purgeventil geöffnet!). Dann wird der in der Methode angegeben Fluss eingestellt und das Purgeventil geschlossen, sodass das Laufmittel über die Säule fließt. Nach ca. 30 min ist die Basislinie horizontal und damit stabil.

Das Gerät ist für die ersten Injektionen bereit.

Sequence erstellen

Eine Sequence enthält alle Informationen, die für einen automatischen Ablauf einer HPLC-Analyse notwendig sind, und wird mit einem windowsähnlichen Browser erstellt (Abb. 6.19). Die Sequence enthält folgende Angaben:

- Name der Probe
- Standplatznummer im Autosampler
- Einspritzmenge in µl
- Programmfile.pgm (Geräteeinstellungen)
- Methodenfile.qnt (Parameter zu Integration, Kalibration und Auswertung)
- Reportfile.rdf (legt Form für Ausdruck und Bericht fest)
- Angaben zum Gerät, zum Bearbeiter, zu Einwaage und Verdünnungsfaktor

Im einfachsten Fall wird eine ähnliche Sequence kopiert und auf die aktuellen Anforderungen angepasst. Bei komplexeren oder neuen Aufgaben steht auch ein Wizard zur Verfügung, mit dem Sequence-, Programm- und Methodenfiles bequem neu gestaltet werden können (Abb. 6.20 und 6.21).

Die fertige Sequence wird über die Maske **Start Batch on** nach einem **Ready Check** gestartet (Abb. 6.22 und 6.23). Der erste Blindwert wird injiziert.

Systemtest und Proben auswerten

Nachdem die in der Sequence eingegebenen Standards und Proben injiziert wurden, werden die Ergebnisse ausgewertet. Dazu wird die Datei Auswertung_VITA001 geöffnet und die verschiedenen Registerkarten werden bearbeitet.

- **Detektion:** In dieser Liste werden alle Integrationsparameter eingegeben, die für eine „richtige Integration" notwendig sind. Hier: 2,0 mAu Minimum Area als geringste Fläche, die als Peak erkannt wird, Ausschalten des Injektionspeaks zwischen 0 und 2 Minuten (Abb. 6.24).
- **Peak Table:** Angaben zu Peaknamen, Retentionszeit, Peakform und Erkennungsfenster. Die Auswahl „Hauptpeak oder Reiterpeak" beeinflusst die Basislinienführung und verbessert die automatische Peakerkennung (Abb. 6.25).
- **Amount Table:** Angaben zur Standardeinwaage und zu Responsefaktoren. In diesem Beispiel werden alle Peaks auf den Nic-Peak bezogen (Abb. 6.26).

Weitere wichtige Angaben: Welche Injektionen werden als Standard verwendet? Mit welchen Standards wird das Ergebnis berechnet?

Report VITA_001.pdf (Abb. 6.27 und 6.28)

Im Reportteil werden die Ergebnisse dargestellt.

Der Systemtest zeigt die Flächen von Nicotinamid und Pyridin der 5 Standardläufe in einer Tabelle. Mittelwert und relative Standardabweichung werden automatisch dargestellt.

VK Nic = 0,11 %

Auf der Karte Peakanalyse werden Werte für Auflösung (Resol.) und die Peaksymmetrie angezeigt. Die Auflösung zwischen Nic und Pyr beträgt 1,65, die Symmetrie des Nic-Peaks ist 1,00.

Der Systemtest ist positiv und valide. Die Probe kann ausgewertet werden.

Probe auswerten (Abb. 6.29)

Das Chromatogramm der Probe zeigt die Ergebnisse der Analyse für jeden Peak: Height (Höhe), Area (Fläche), Rel. Area % (Flächenprozent), Amount (Ergebnis in mg/Tablette), Peaktyp (Art der Basislinienführung bei der Integration; B = Basis, M = Main Peak usw.)

Ergebnis berichten

Eine Vitamintablette enthält 7,9 mg Asc, 11,5 mg Nic, 1,3 mg Pyr, 4,5 mg Thi und 2,6 mg Rib, bezogen auf Nicotinamid-Standard.

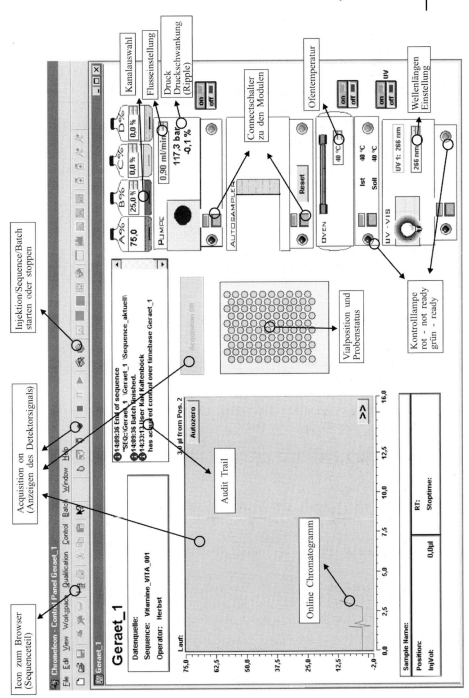

Abb. 6.18 Selbst gestaltetes Panel der Software Chromeleon (Dionex).

6 Hochdruck-Flüssigkeitschromatographie (HPLC)

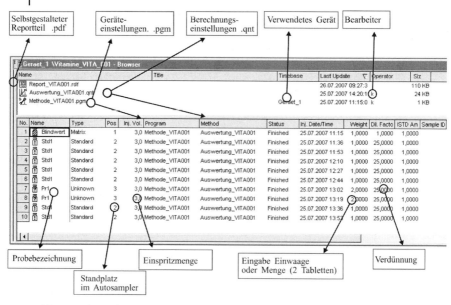

Abb. 6.19 Chromeleon: Browser mit Sequence.

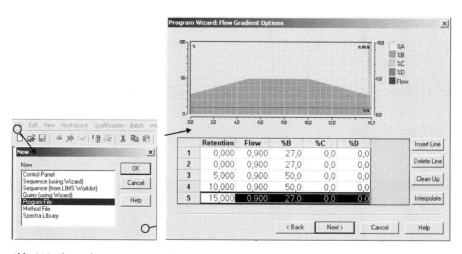

Abb. 6.20 Chromeleon: Wizard zum Entwerfen von Programm- u. a. Dateien.

Abb. 6.21 Chromeleon: Maske zum Entwerfen eines Gradientenprogramms.

6.10 HPLC: Arbeitsschritte in der Praxis – Software Chromeleon | 173

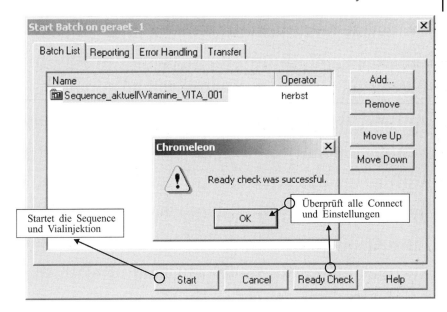

Abb. 6.22 Chromeleon: Kontrolle und Starten der Sequence.

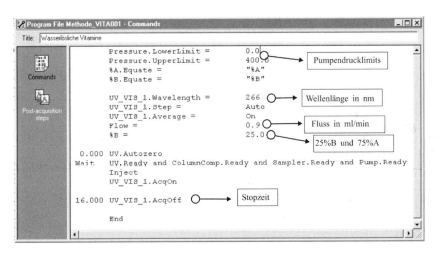

Abb. 6.23 Chromeleon: Programmdatei Methode_VITA001.pgm mit Geräteparametern.

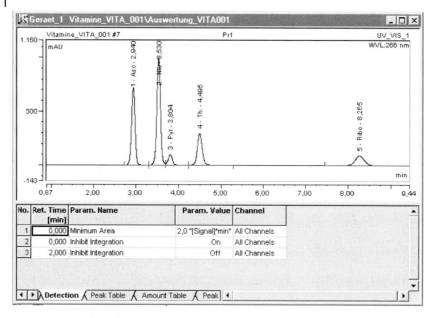

Abb. 6.24 Chromeleon: Detektionsparameter einstellen.

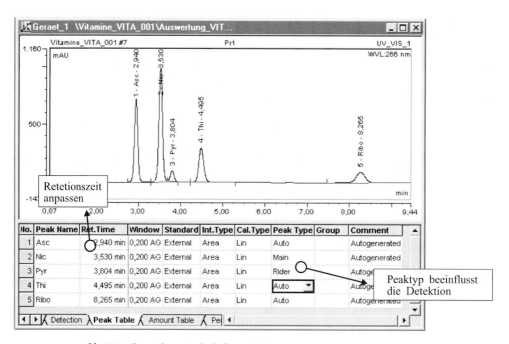

Abb. 6.25 Chromeleon: Peaktabelle gestalten.

6.10 HPLC: Arbeitsschritte in der Praxis – Software Chromeleon | 175

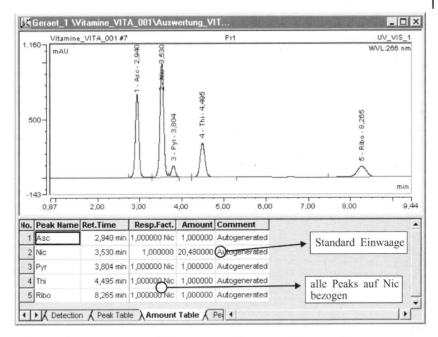

Abb. 6.26 Chromeleon: Amount Table mit Standardeinwaage und Responsefaktoren.

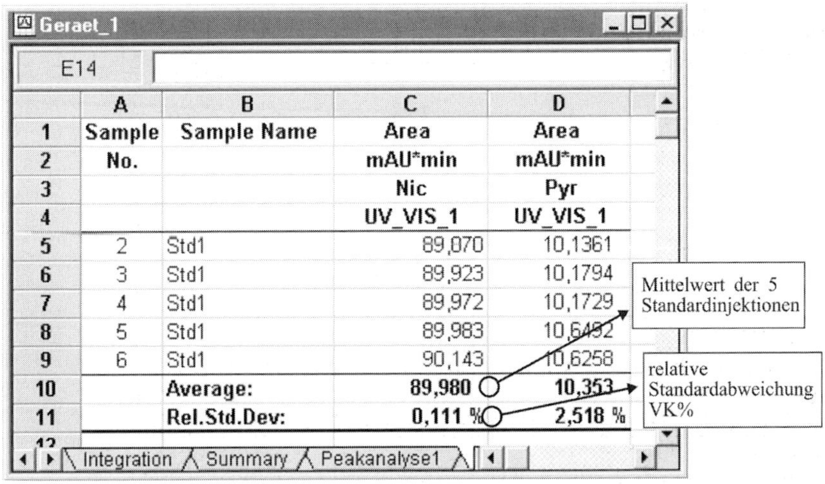

Abb. 6.27 Chromeleon: Systemtest.

6 Hochdruck-Flüssigkeitschromatographie (HPLC)

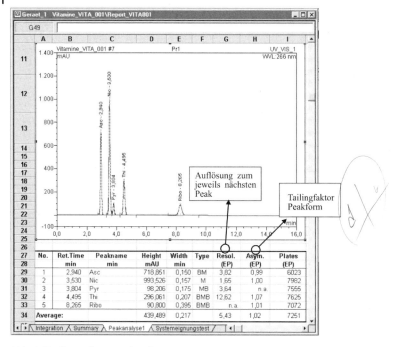

Abb. 6.28 Chromeleon: Peakanalyse.

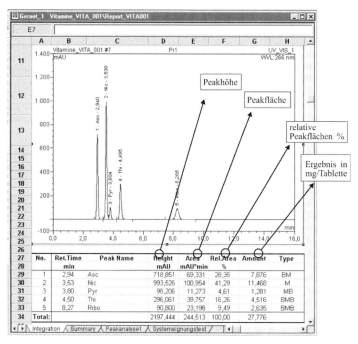

Abb. 6.29 Chromeleon: Ergebnis.

6.11 HPLC: Anwendungsbeispiele

6.11.1 HPLC: Beispiel I

Polycyclische aromatische Kohlenwasserstoffe (PAH)

Standard
Testmischung von PAH in Toluol, 20 µg/ml, Macherey und Nagel

Probenvorbereitung
Feste Proben (z. B. Asphalt 10 g) werden durch eine Soxhletextraktion in Dichlormethan 2 Stunden gelöst, filtriert, eingedampft und in 100 ml Methanol aufgenommen. Stark verunreinigte Proben (Matrix) sind mit SPE vorzureinigen.
Injektionsvolumen: 10 µl

Stationäre Phase
Nucledur® C18 Gravity 150 mm × 4,6 mm, ID 5 µ

Mobile Phase
Fluss: 1,0 ml/min
LM A: Wasser
LM B: Acetonitril

Gradient:

min	% B	min	% B
0	60	30	100
3	60	30,01	60
27	100	36	60

Stoptime: 30 min
Posttime: 6 min
Detektion: UV, 254 nm

1. Naphthalin
2. Acenaphthylen
3. Fluoren
4. Phenantren
5. Anthracen
6. Fluoranthen
7. Benzanthracen
8. Chrysen
9. Benzo(b)fluoranthen
10. Benzo(k)fluoranthen
11. Benzo(a)pyrene
12. Indeno[1,2,3,-c,d]pyren

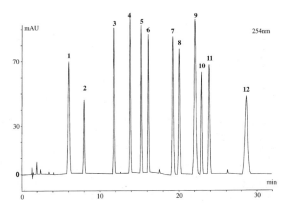

Abb. 6.30 Zu HPLC-Beispiel I.

6.11.2
HPLC: Beispiel II

Aminosäuren — Agilent

Standard
Aminosäurestandard Agilent, 1 nmol/µl

Probevorbereitung
Die Probe wird mit OPA- und FMOC-Reagens durch Mischen in der Einspritzschleife des Gerätes vor der Injektion derivatisiert.

Autosamplerprogramm:
1. 2,5 µl Borsäurepuffer pH 10,2 und 0,5 µl Standard oder Probe mischen (3×)
2. Nadel waschen durch Eintauchen in ein mit Wasser gefülltes Vial
3. 0,5 µl OPA-Reagens zugeben und mischen (6×)
4. Nadel in Wasser eintauchen
5. 0,5 µl FMOC-Reagens aufsaugen und mischen (6×)
6. Nadel in Acetonitril eintauchen
7. 32 µl Wasser aufsaugen und mischen (2×), anschließend injizieren

Stationäre Phase
Zorbax Eclipse AAA 4,6 × 150 mm, 5 µm; **Ofentemperatur:** 40 °C

Mobile Phase
Fluss: 2,0 ml/min
LM A: 40 mM Na_2HPO_4, pH 7,8
LM B: Acetonitril/Methanol/Wasser 45 : 45 : 10

Gradient:

min	% B	min	% B
0	0	28	100
7	0	28,1	0
24	57	32	0
25	100		

Stoptime: 24 min
Posttime: 8 min
Detektion: 338 nm, ab 22 min 262 nm

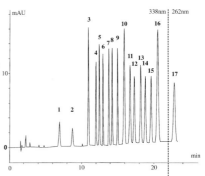

Abb. 6.31 Zu HPLC-Beispiel II.

1. L-Asparaginsäure
2. L-Glutaminsäure
3. L-Serin
4. L-Histidin
5. Glycin
6. L-Treonin
7. L-Arginin
8. L-Alanin
9. L-Tyrosin
10. L-Cystin
11. L-Valin
12. L-Methionin
13. L-Phenylalanin
14. L-Isoleucin
15. L-Leucin
16. L-Lysin
17. L-Prolin

6.11.3
HPLC: Beispiel III

Explosivstoffe in Wasser- oder Bodenproben

Standard
Interner Standard 1,2-Dinitrobenzol 1 ng/ml

Probevorbereitung
Bodenproben werden mit Aceton extrahiert. Wasserproben werden über Festphasenextraktion (SPE-Chromabond® Easy) aufkonzentriert.

Arbeitsschritte SPE:
1. SPE-Phase mit 2× 2 ml Aceton und 2× 2 ml Wasser konditionieren
2. 50 ml Probelösung langsam durchsaugen
3. zum Trocknen der SPE Phase Luft durchsaugen
4. Explosivstoffe mit 2× 2 ml Methanol/THF 1 : 1 extrahieren
5. 50 µl Probelösung injizieren

Stationäre Phase
Synergi Hydro-RP 250 × 4,6 mm
Ofentemperatur: 35 °C

Mobile Phase
Fluss: 0,8 ml/min
LM: Wasser/Methanol/Acetonitril 51 : 45 : 4
Stoptime: 25 min
Detektion: UV, 254 nm

1. Octogen/HMX
2. Hexogen/RDX
3. 1,3,5-Trinitrobenzol
4. 1,2-Dinitrobenzol – Interner Standard
5. Tetryl
6. 1,3-Dinitrobenzol
7. Nitrobenzol
8. 2,4,6-Trinitrotoluol/TNT
9. 4-Amino-dinitrotoluol
10. 2-Amino-4,6-dinitrotoluol
11. 2,6-Dinitrotoluol
12. 2,4-Dinitrotoluol
13. 2-Nitrotoluol
14. 4-Nitrotoluol
15. 3-Nitrotoluol

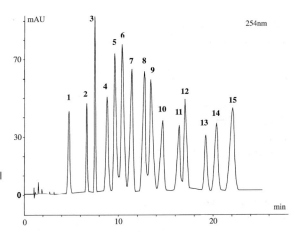

Abb. 6.32 Zu HPLC-Beispiel III.

6.11.4
HPLC: Beispiel IV

Pestizidrückstände in Wasser

Standard
Pestizid-Standard 500 ng/L

Probevorbereitung
Wasserproben werden über Festphasenextraktion (SPE – Chromabond C18ec) aufkonzentriert.

Arbeitsschritte SPE:
1. SPE-Phase mit 5 ml Methanol und 5 ml dest. Wasser konditionieren
2. 1000 ml Probelösung (mit 2 ml HCl konz. angesäuert) langsam durchsaugen
3. SPE-Phase mit 2 ml Acetonitril/Wasser 30 : 70 waschen und im Vakuum trocknen
4. Pestizide mit 20 ml Acetonitril extrahieren, am Rotationsverdampfer auf 2 ml einengen
5. 20 µl Probelösung injizieren

Stationäre Phase
Nucleodur® 100-3 C8ec 250 × 4 mm
Ofentemperatur: 35 °C

Mobile Phase
Fluss: 1,0 ml/min
LM A: 1%ige Essigsäure
LM B: Acetonitril

Gradient:

min	% B	min	% B	min	% B
0	10	25	30	65	50
10	15	45	40	65,1	10
20	30	55	50	72	10

Stoptime: 65 min
Posttime: 7 min
Detektion: UV, 230 nm

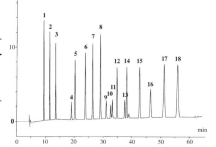

Abb. 6.33 Zu HPLC-Beispiel IV.

1. Desisopropylatrazin
2. Metamitron
3. Desethylatrazin
4. Bromoxynil
5. Simazin
6. Cyanazin
7. Metabenzthiazuron
8. Atrazin
9. Monolinuron
10. Isoproturon
11. Diuron
12. Metobromuron
13. Metazachlor
14. Sebutylazin
15. Terbutylazin
16. Linuron
17. Chloroxuron
18. Metolachlor

6.11.5
HPLC: Beispiel V

Cannabisderivate in Urin MN 301140

Standard
Cannabis-Standard

Probevorbereitung
Urin wird über Festphasenextraktion (Chromabond® C18ec/3 ml/500 mg) aufbereitet.

Arbeitsschritte SPE:
1. SPE-Phase mit 2× 3 ml Methanol und 2× 3 ml dest. Wasser konditionieren
2. 10 ml Urin (pH 7–8) langsam durchsaugen
3. SPE-Phase mit 2× 3 ml dest. Wasser waschen und 5 min im Vakuum trocknen
4. Substanzen mit 2× 0,75 ml Aceton/Chloroform 1 : 1 extrahieren
5. 20 µl Injektionsvolumen

Stationäre Phase
Nucleodur® 100-5 C18 250 × 4,6 mm
Ofentemperatur: 40 °C

Mobile Phase
Fluss: 2,0 ml/min
LM: Methanol/Wasser 80 : 20
Stoptime: 10 min
Detektion: UV, 220 nm

1. Cannabidiol
2. Cannabigerol
3. Cannabinol
4. Tetrahydrocannabinol-d-9
5. Tetrahydrocannabonol-d-8
6. Cannabichromen

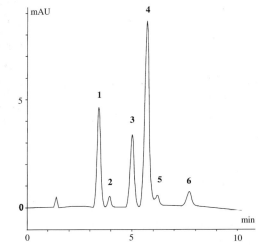

Abb. 6.34 Zu HPLC-Beispiel V.

6.11.6
HPLC: Beispiel VI

Atropinum und verwandte Substanzen — PhEu 5.0/2056

Atropin: weißes, kristallines Pulver, sehr schwer löslich in Wasser, leicht löslich in Dichlormethan oder Ethanol 96; Molmasse 289,4 g/mol

Standardlösungen
A: 5 mg Atropin zur Eignungsprüfung CRS werden in 25 ml Laufmittel A gelöst (enthält Atropin, Atropinsäure, Tropinsäure, Apoatropin).
B: 1 ml der Probelösung wird auf 100 ml und weiter 1/10 ml verdünnt (Laufmittel A)

Probevorbereitung
50 mg Substanz in 50 ml verdünnt, davon 10 ml auf 50 ml weiterverdünnt (Laufmittel A und 15 min Ultraschallbad)
Injektionsmenge: 10 µl

Stationäre Phase
LiChrospher RP select B 125 mm × 4,0 mm

Mobile Phase
Fluss: 1,0 ml/min
LM A: 606 ml Kaliumdihydrogenphosphatlösung (7,0 g/l) pH 3,3 mit Phosphorsäure
3,5 g Natriumdodecylsulfat
320 ml Acetonitril
LM B: Acetonitril

Gradient:

min	% B	min	% B
0	0	26	0
12	0	30	0
25	30		

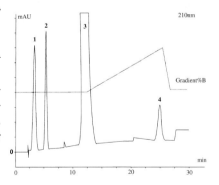

Detektion: UV, 210 nm
Auswertung: Peaks werden durch Standard A identifiziert. Nebenprodukte werden mit Standard B (0,1 %) verglichen. Lösungsmittelpeaks und Peaks unter 0,1 % werden nicht angegeben.

1. Tropinsäure   3. Atropin
2. Atropinsäure 4. Apoatropin

Abb. 6.35 Zu HPLC-Beispiel VI.

6.11.7
HPLC: Beispiel VII

β-Cyclodextrin (Zuckerersatzstoff)   PhEu 5.0/1070

Probe: weißes, amorphes oder kristallines Pulver, wenig löslich in Wasser, leicht löslich in Propylenglycol, Molmasse: 1135 g/mol

Standardlösungen
A: 25 mg Alfadex, 25 mg γ-Cyclodextrin, 50 mg β-Cyclodextrin werden in 50 ml Wasser gelöst.
B: 5 ml Standardlösung A werden auf 50 ml mit Wasser verdünnt.
C: 25 mg β-Cyclodextrin werden in 25 ml Wasser gelöst.

Probevorbereitung
Probelösung 1: 250 mg Substanz in 25 ml Wasser lösen (erwärmen)
Probelösung 2: 5 ml der Probelösung 1 auf 50 ml weiterverdünnen
Injektionsmenge: 50 µl

Stationäre Phase
Nucleosil 100 C18 10 µm 250 mm × 4,6 mm; Säule vor Analysebeginn 3 Stunden äquilibrieren.

Mobile Phase
Fluss: 1,5 ml/min
LM: Wasser/Methanol 90 : 10
Detektion: Brechungsindexdetektor (RI)
Stopzeit: 15 min

Auswertung: Die Flächen der 5 Standardinjektionen (C) müssen einen VK von < 2,0 aufweisen. Die Auflösung von γ-Cyclodextrin und Alfadex muss mindestens 1,5 betragen. Die Berechnung erfolgt mit Standardlösung C (Gehalt) und B (Nebenprodukte).

1. γ-Cyclodextrin
2. Alfadex
3. β-Cyclodextrin

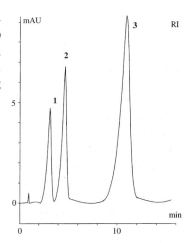

Abb. 6.36 Zu HPLC-Beispiel VII.

7
Festphasenextraktion (SPE)

7.1
SPE: Einführung und Übersicht

Die SPE (Solid Phase Extraction) findet zur Reinigung oder Aufkonzentration von Proben in allen Bereichen der Chromatographie Anwendung. Die stationäre Phase befindet sich in einem spritzenähnlichen Kolben; die mobile Phase (Lösungsmittel) wird über die stationäre Phase gedrückt, mit einem Vakuum gesaugt oder zentrifugiert (Abb. 7.1). Die Trennmechanismen hängen von den Wechselwirkungen ab, die zwischen Probe, Probematrix, stationärer Phase und mobiler Phase stattfinden.

Einsatz Festphasenextraktion (Abb. 7.2)
Die wichtigsten Anwendungsgebiete sind:
- Entfernung störender Matrix vor der Analyse (Bioanalytik, Serum usw.)
- Aufkonzentration einer Substanz, um die Nachweisgrenze zu senken (Umwelt- und Wasseranalytik)
- präparative Chromatographie im kleinen Maßstab

Stationäre Phase
Die stationären Phasen werden in verschiedenen Größen und mit verschiedenen Belegungen (Si, C18, SAX usw.) angeboten. Wichtige Kenngrößen dabei sind die in der Kartusche enthaltene Sorbensmenge, die Partikelgröße und die Porenweite. Daraus resultiert das Bettvolumen.

Bettvolumen
Volumen an Lösungsmittel, das zum Befüllen des Sorbens notwendig ist; wird von den Herstellern in den Katalogen angegeben.

Beispiel: 100 mg Sorbens mit 40 µm Partikelgröße und 60 Å Porenweite haben ein Bettvolumen von 120 µl.

7.1 SPE: Einführung und Übersicht

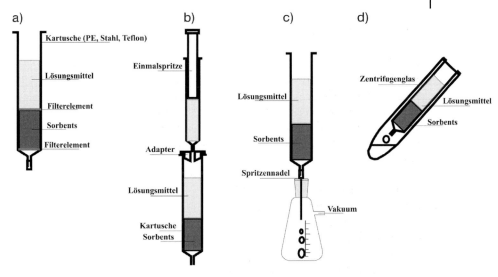

Abb. 7.1 Festphasenextraktion.
a) Die stationäre Phase befindet sich in einem Kolben. –
Die mobile Phase wird über die stationäre Phase gedrückt (b),
mit einem Vakuum gesaugt (c) oder zentrifugiert (d).

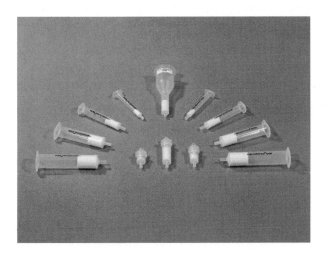

Abb. 7.2 Verschiedene SPE-Kartuschen (Chromabond, Macherey & Nagel).

Durchführung einer SPE (Abb. 7.3)
- **Konditionierung der stationären Phase (Sorbens):** Durch eine Benetzung mit einem organischen Lösungsmittel und einem Lösungsmittel, das der Probelösung ähnelt, wird das Sorbens auf die Probe vorbereitet. Die Lösungsmittel sollten miteinander mischbar sein (Abb. 7.3 a).
- **Aufgabe der Probe:** Die gelöste Probe wird auf die stationäre Phase aufgetragen. Zuvor muss man entscheiden, ob die gewünschte Substanz oder die Matrix zurückgehalten (retentiert) werden soll. Die Kapazität der stationären Phase ist nach einer Faustregel höchstens 5 % (100 mg Kieselgel halten höchstens 5 mg Substanz zurück); bei Polymeren sind Kapazitäten von bis zu 30 % möglich (Abb. 7.3 b). Die Flussrate, mit der die Probelösung durchgedrückt oder -gesaugt wird, sollte bei 5–10 ml/min auf 100 mg Sorbens liegen.
- **Reinigung, Waschvorgang:** Die Reinigung einer Probe erfolgt mit reinem Lösungsmittel, um auch die letzten Reste von Matrix zu entfernen. Ein guter Reinigungsvorgang verwendet 20 Bettvolumen, ohne dass die Probe ausgewaschen wird (Abb. 7.3 c).
- **Elution:** Nun wird die Polarität oder die Ionenstärke gewechselt und die gewünschte Substanz herausgelöst. Um eine unnötige Verdünnung zu verhindern, sollten höchstens 5 Bettvolumen verwendet werden, ansonsten wird die Lösung am Rotationsverdampfer eingeengt. Alternativ kann auf einer anderen Kartusche (mit anderen Eigenschaften) weiter eluiert werden, um evtl. weitere ungewünschte Substanzen zu entfernen (Abb. 7.3 d).

Methodenentwicklung SPE
Überlegungen zur Probe- und Matrixstruktur sowie Vorversuche mittels Dünnschichtchromatographie erleichtern die Methodensuche. Auch Recherchen (Internet, Literatur) sowie die grobe Abschätzung von Polarität und pK_S-Verhalten helfen weiter. Die im Anschluss an die SPE verwendete Methode (z. B. HPLC) gibt wichtige Hinweise über Retentions- und Lösungsverhalten der Substanzen.

Validieren
Wie reproduzierbar ist die Auftrennung? Dazu werden die Mengen der Probe-, Wasch- und Elutionslösung verändert und die Messergebnisse anschließend verglichen. Ist die gewünschte Substanz auch wirklich nur dort, wo sie sein soll, nämlich im Eluat?

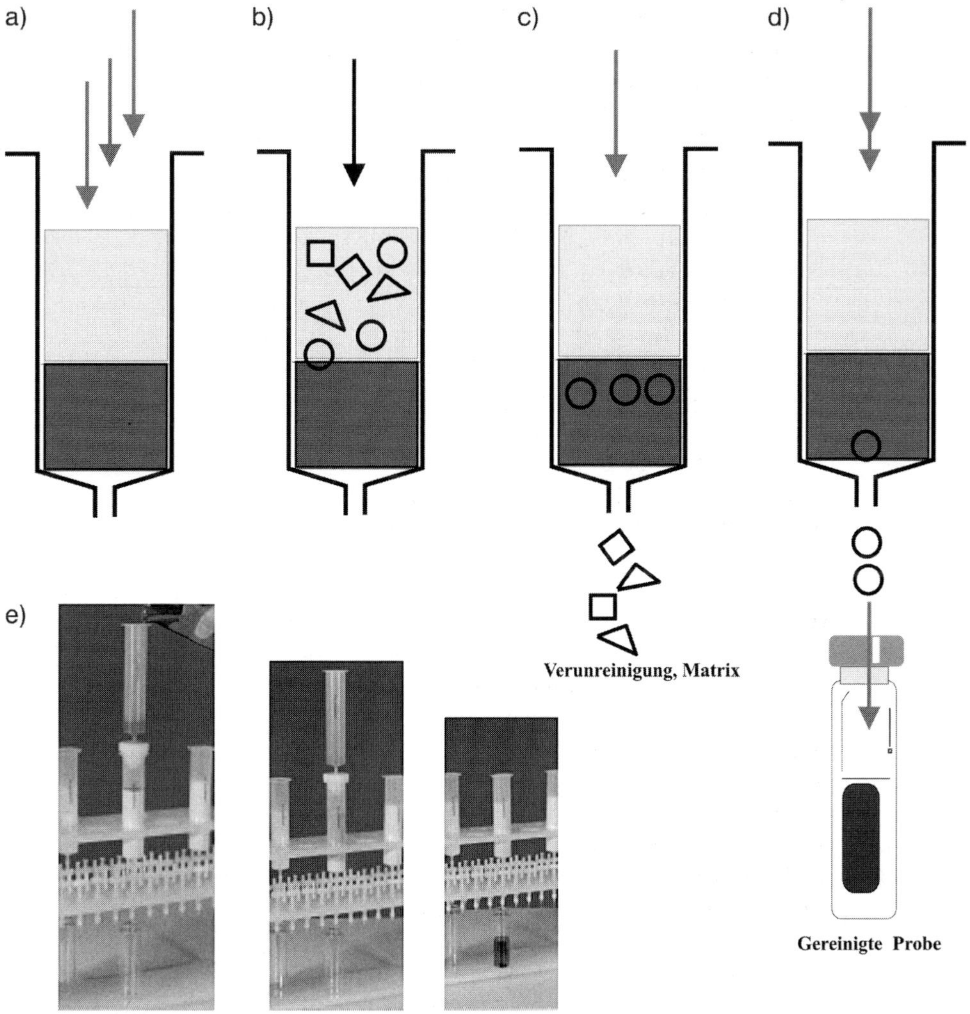

7.1 SPE: Einführung und Übersicht | 189

Verunreinigung, Matrix

Gereinigte Probe

Abb. 7.3 Schritte einer Festphasenextraktion:
a) Konditionierung der stationären Phase,
b) Aufgabe der Probe,
c) Reinigung der Probe,
d) Elution,
e) SPE-Anordnung im Labor (Macherey & Nagel).

8
Chromatographische Spezialverfahren

Chromatographie für Einsteiger. Karl Kaltenböck
Copyright © 2008 WILEY-VCH Verlag GmbH & Co. KGaA, Weinheim
ISBN: 978-3-527-32119-3

8.1
Ionenchromatographie

Die Ionenchromatographie ist eine Variante der Säulen- und Flüssigkeitschromatographie mit z. T. speziellen Säulen, Detektoren und Suppressoren. Es ist eine schnelle, empfindliche und selektive Methode zur Bestimmung von Anionen und Kationen. Nach dem Trennmechanismus unterscheidet man

- Ionenaustauschchromatographie IC
- Ionenpaarchromatographie IPC
- Ionenausschlusschromatographie IEC

Mit „Ionenchromatographie" ist in der Regel die Ionenaustauschchromatographie gemeint.

Ionenaustauschchromatograpie IC
Ein Ionenchromatograph besteht aus Pumpe, Injektionsteil, Säule, Suppressor, Detektor und Integrator (Abb. 8.1). Während Pumpe, Injektionsschleife oder Autosampler sowie die Integration und Auswertung wie bei einer herkömmlichen HPLC funktionieren, wird als Säule, Suppressor und Detektor eine spezielle Technik eingesetzt.

Trennmechanismus
Bei der IC müssen sowohl bei der Trennung als auch bei der Suppression Kationen- und Anionenprozesse unterschieden werden. Kationen werden meist über atomspektroskopische Methoden bestimmt, aber zur Bestimmung von Anionen ist die IC unschlagbar.

Prinzipiell werden Ionen, die sich im Laufmittel befinden (z. B. $NaHCO_3$ für Anionentauscher, HCl für Kationentauscher) durch die Probeionen ständig am Austauscherharz ausgetauscht. Die Ionen werden dann in Reihenfolge von Ladungszahl, Durchmesser und Polarisierbarkeit eluiert.

Säulen
Als stationäre Phasen werden zur Auftrennung von Anionen Anionentauscher und zur Trennung von Kationen Kationentauscher verwendet. Außerdem unterscheidet man starke und schwache Ionentauscher. Das Trägermaterial der Säulen besteht meist aus synthetischen hydrophilen Polymeren, die funktionelle Gruppe ist an Hydroxylgruppen gebunden.

- **Anionentauscher:** Diethylaminoethyl- (DEAE), quart. Aminoethyl- (QAE), Triethylaminomethyl- (TEAE), Polyethylenimin- (PEI)
- **Kationentauscher:** Sulfonat- (S), Sulfoethyl- (SE), Sulfopropyl- (SP), Carboxymethyl- (CM)

Weitere Informationen zu Kationen- und Anionentauschern finden sich in Abschnitt 6.6.2 (L-Bezeichnungen der USP für stationäre Phasen).

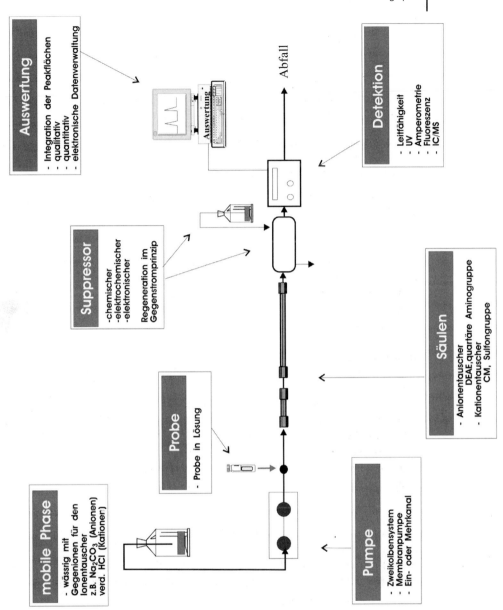

Abb. 8.1 Prinzipskizze zur Ionenaustauschchromatographie.

Suppressor

Wird ein Leitfähigkeitsdetektor verwendet, so muss die Grundleitfähigkeit der mobilen Phase abgedämpft werden, bevor diese die Messzelle erreicht; das bedeutet, der Eluent wird in ein schwach leitendes Medium umgewandelt. Grob unterscheidet man:

- chemische Suppression (Zweisäulensystem, Hohlfasermembran, Mikromembran)
- elektrochemische Suppression
- elektronische Suppression

Chemische Suppression

Beim Zweisäulensystem werden die störenden Ionen im Eluent nach der Anionentrennung durch eine zweite Säule (Suppressorsäule, starker Kationentauscher) herausgetrennt.

Beispiel: Anionentrennung

Nach der Trennung von Cl^- auf einem Anionenaustauscherharz liegen Na^+ und Cl^- vor. Außerdem enthält der Eluent stark leitendes Natriumhydrogencarbonat vom Laufmittel. Wird dieser Eluent durch einen starken Kationentauscher geleitet, so entsteht aus den Probe-Ionen ein mineralische Säure (HCl), die gut leitend ist; aus $NaHCO_3$ entstehen Wasser und CO_2 (geringe Leitfähigkeit). Dadurch kann das Anion (Cl^-) sehr empfindlich nachgewiesen werden.

$$HarzSO_3^- - H^+ + NaCl \rightarrow HarzSO_3^-\ Na^+ + HCl$$
$$HarzSO_3^- - H^+ + NaHCO_3 \rightarrow HarzSO_3^-\ Na^+ + H_2O + CO_2$$

Nachteile dieser Methode sind das höhere Totvolumen und die Tatsache, dass die Säule regeneriert werden muss (Kationentauscher mit Schwefelsäure, Anionentauscher mit Natronlauge). Diese Nachteile wurden durch Hohlfasermembranen und Mikromembransuppressoren minimiert; dort finden die Austauschprozesse in dünnen Membranen statt. Gleichzeitig erfolgt die Regeneration im Gegenstromprinzip kontinuierlich (Dionex DX120).

Elektrochemische Suppression

Dabei wird Wasser aus dem Eluenten durch elektrischen Strom in H^+ und OH^- gespalten. So werden die im Eluenten enthaltenen Ionen (etwa aus NaOH oder Methansulfonsäure) in Wasser überführt, eine Regeneration ist nicht notwendig (Abb. 8.2 und 8.3).

Elektronische Suppression

Dabei wird der Eluent so gewählt, dass die Differenz der Äquivalentleitfähigkeit von Probe und Eluent möglichst groß ist (Tab. 8.1).

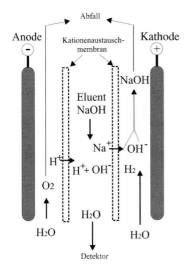

Abb. 8.2 Elektrochemische Suppression für Kationen.

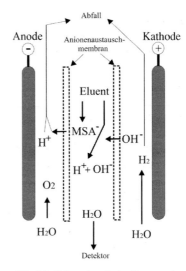

Abb. 8.3 Elektrochemische Suppression für Anionen (MSA: Methansulfonsäure).

Tab. 8.1 Äquivalentleitfähigkeiten in wässriger Lösung bei 25 °C.

Anionen	S (cm^2 mol^{-1})	Kationen	S (cm^2 mol^{-1})
OH$^-$	198	H$^+$	350
F$^-$	54	Li$^+$	39
Cl$^-$	76	Na$^+$	50
Br$^-$	78	K$^+$	74
I$^-$	77	NH$_4^+$	73
NO$_2^-$	72	1/2 Mg$_2^+$	53
NO$_3^-$	71	1/2 Ca$_2^+$	60
HCO$_3^-$	45	1/2 Sr$_2^+$	59
1/2 CO$_3^{2-}$	72	1/2 Ba$_2^+$	64
H$_2$PO$_4^-$	33	1/2 Zn$_2^+$	53
1/2 HPO$_4^{2-}$	57	1/2 Hg$_2^+$	53
1/3 PO$_4^{3-}$	69	1/2 Cu$_2^+$	55
1/2 SO$_4^{2-}$	80	1/2 Pb$_2^+$	71
SCN	66	1/2 CO$_2^+$	53
Acetat	41	1/3 Fe$_3^+$	70
1/2 Phtalat	38		
Propionat	36		
Benzoat	32		
Salicylat	30		

Ionenpaarchromatographie IPC

Die IPC wird mit herkömmlichen HPLC-Anlagen und -Detektoren durchgeführt. Als Trennsäulen dienen Reverse-Phase-Säulen. Die mobile Phase enthält ionogene Stoffe, die mit den Probemolekülen ein elektrisch neutrales Ionenpaar bilden. Dadurch verhält sich die Probesubstanz so, als wäre sie neutral, und kann mit den herkömmlichen RP-HPLC-Systemen aufgetrennt werden.

Als Ionenpaarreagenzien für Säure-Anionen werden Tetraalkylammoniumverbindungen (z. B. Tetrabutylammoniumhydroxid) verwendet.

Für Base-Kationen kommen Alkylsufate oder Alkylsulfide (z. B. Hexansulfonsäure-Na) zur Anwendung.

Neben dem pH-Wert sind die Konzentration des Reagens und die UV-Absorption für die Messung mit einem UV-Detektor wichtige Größen.

Ionenausschlusschromatographie IEC

Die IEC (Size Exclusion Chromatography) wird zur Trennung schwacher organischer Säuren eingesetzt (Fruchtsäfte, Proteine).

Als stationäre Phase wird ein vollständig sulfonierter Kationentauscher verwendet. Die Sulfongruppen sind durch Wassermoleküle teilweise hydratisiert und es bildet sich eine „Donnan-Membran", die nur für undissoziierte Moleküle durchlässig ist. Der Trennmechanismus ist folglich pH-Wert-gesteuert; auch Molekülgröße und -form beeinflussen die Retentionszeit.

8.2
Kapillarelektrophorese (CE)

8.2.1
CE: Einführung und Überblick

Die Elektrophorese beruht darauf, dass sich elektrisch geladene Teilchen oder Moleküle (Ionen) in einem flüssigen Medium im Gleichstromfeld bewegen: Kationen wandern zur Kathode, Anionen zur Anode. Bei der Kapillarelektrophorese ist die Spannung höher als bei der herkömmlichen Elektrophorese, deshalb ist die Auftrennung besser, da der Wärmeeffekt durch den elektrischen Widerstand minimiert ist.

Die CE (Capillary Electrophoresis) ist als Ergänzung zu GC und HPLC ein wichtiger Teilbereich zur Analyse von kleinen Molekülen, Aminosäuren, Peptiden, DNA, Proteinen und optisch aktiven Substanzen.

Trennmechanismus
Die Ionen werden durch zwei Kräfte, elektrophoretische und elektroosmotische, im Gleichstromfeld bewegt.

- **Elektrophoretische Mobilität:** Die Wandergeschwindigkeit eines Ions ist das Produkt aus dem angelegten elektrischen Feld und der elektrophoretischen Konstante des Ions. Kleine, hoch geladene Ionen sind mobiler als große, weniger geladene. Außerdem ist die Mobilität vom eingesetzten Puffer, von der Temperatur und von der Ionenstärke abhängig.
- **Elektroosmotischer Fluss (EOF):** Als weitere Bewegung ist eine generelle, kathodengerichtete Strömung von Pufferionen vorhanden, die Probeionen mitziehen. Kationen wandern dabei schneller als der EOF, neutrale wandern mit dem EOF (allerdings ohne Auftrennung) und Anionen wandern langsamer als der EOF, da sie zurückgehalten werden. Der EOF ist abhängig von Spannung, pH-Wert, Ionenstärke, Viskosität des Puffers und Beschichtung der Kapillarwand.
Sämtliche Teilchen werden in Richtung Kathode gezogen.

8.2.2
CE: Geräte

Kapillarelektrophorese-Geräte bestehen aus einem automatischen Probe-Einlasssystem, einer Pumpe für den Puffer, einem Hochspannungsgenerator (35 kV), einer Kapillare, einem Detektorsystem und einem PC für die Datenaufnahme und die Auswertung der Analyse (Abb. 8.4).

Einlass
Durch die sehr geringen Dimensionen der Kapillare sind sehr kleine Probemengen (1–10 nl – Nanoliter!) notwendig, die nur direkt durch verschiedene Techniken auf den Kapillarenanfang aufgebracht werden können.

- **Siphon-Effekt:** Die Pufferlösung am Kapillaranfang wird mit der Probe vertauscht und das Gefäß 5–20 cm angehoben. Durch die Hebwirkung wird je nach Höhe und Zeit eine bestimmte Menge der Probe in die Kapillare eingesaugt.
- **Vakuum oder Druck:** Durch Anlegen eines Vakuums oder eines Über- oder Unterdrucks wird die Probe in die Kapillare gedrückt oder gesaugt. Die Probemenge ergibt sich aus Druck und Zeit.
- **Elektrokinetisch:** Die Probeionen – vor allem in sehr verdünnten Lösungen – werden durch eine angelegte Spannung am Kapillaranfang gesammelt und durch den EOF in die Kapillare befördert. Diese Methode ist zwar sehr gut reproduzierbar, aber es kommt zu einer Diskriminierung aller nicht elektrisch geladenen Teilchen.

Kapillare
Als Kapillaren werden in der CE die von der GC bekannten „Fused silica" mit Polyimidbeschichtung verwendet. Die Längen der Säulen variieren von 10 bis 100 cm bei Innendurchmessern von 25 bis 100 µm. Eine Thermostatisierung der Kapillaren verbessert die Reproduzierbarkeit der Analyseergebnisse.

Hochspannungsgenerator
Der Generator muss eine Spannung von 20–35 kV erzeugen. Der Transformator sollte in der Polarität umschaltbar sein und eine exakte Spannungsversorgung von ± 0,1 % gewährleisten.

Detektion
Die Detektion findet totvolumenfrei in einem Fenster in der Säule statt. Bedingt durch die kleinen Probenmengen ist die Nachweisgrenze nicht herausragend. Als Detektoren werden UV/VIS-, Fluoreszenz-, Leitfähigkeits- und amperometrische Detektoren oder die Kopplung CE/Massenspektrometrie verwendet.

Auswertung
Die Auswertung erfolgt wie in der Chromatographie durch Integration und Vergleich der Peakflächen. Die Elektrodispersion, die durch große Differenzen der Leitfähigkeit von Probe und Puffer verursacht wird, führt zu erheblichem Peaktailing oder Fronting. Symmetrische Peaks sind bei der CE eher die Ausnahme.

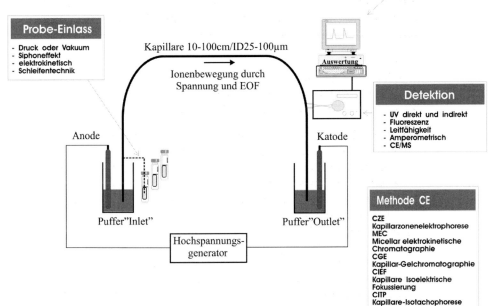

Abb. 8.4 Prinzipskizze zur Kapillarelektrophorese.

8.2.3
CE: Methoden

Bedingt durch die unterschiedlichen Anwendungsgebiete der CE haben sich verschiedene Arbeitstechniken entwickelt:

CZE – Kapillarelektrophorese
Die einfachste Form für Kapillarentrennung im elektrischen Spannungsfeld: Kationen wandern in einem Puffer zur Kathode, neutrale Teilchen und Anionen wandern durch den EOF ebenfalls zur Kathode. Neutrale Substanzen werden dabei nicht getrennt, kleinere Anionen können nicht von Kationen getrennt werden. Eine Variation der Trennung ist nur durch pH-Änderung oder Zugabe von Tensiden oder chiralen Komponenten im Puffer möglich. Organische Lösungsmittel können die Trennung auch beeinflussen.

CGE – Kapillar-Gelelektrophorese
Die Kapillare enthält ein Gel mit vernetzten Polyacryl, getrennt wird nach Molekülgrößen (große Moleküle werden in der Wanderung stärker behindert). Diese Methode wird bei DNA- und Proteinanalytik eingesetzt und entspricht der herkömmlichen Elektrophorese.

CIEF – Kapillare isoelektrische Fokussierung
In der Kapillare werden Ampholyte (Moleküle, die sowohl sauer als auch neutral reagieren) eingesetzt. Die Probemoleküle wandern bis zu ihrem isoelektrischen Neutralpunkt und werden dort gesammelt (fokussiert). Anschließend werden die gesammelten Banden am Detektor vorbeigespült.

CITP – Kapillare Isotachophorese
Vorteilhafte Methode für Aminosäuren, Peptide, Nukleotide und polymere Salze mit komplexer Matrix. Die Probe wird zwischen zwei verschiedenen Puffersystemen eingebettet, wodurch je nach Viskosität, Ionenradius und Ladung eine Wanderung der Ionen in die entsprechende Richtung erfolgt. Hier wandern Anionen sogar in Richtung Anode.

MEC – Mizellare elektrokinetische Chromatographie
Zur Trennung von neutralen Molekülen werden in der Kapillare Micellkugeln erzeugt, die mit den Probemolekülen in Wechselwirkung treten. Dadurch ist eine Trennung von neutralen Molekülen möglich. Als Micellbildner werden z. B. Tenside oder Natriumdodecylsulfat eingesetzt.

Die CE besticht nicht durch die Nachweisgrenze, sondern durch die hohe Trennleistung und die damit extrem kurzen Analysezeiten!

9
Labortechnik

9.1
Sicherheitshinweise und Gefahrensymbole

Sicherheit hat oberste Priorität!

Auch in einem chromatographischen Labor sind alle Sicherheitsvorschriften für ein chemisches Labor einzuhalten. Verantwortlich dafür sind Sicherheitsbeauftragte. Alle Mitarbeiter müssen nach ihrer Einstellung über die Art und Lage der Sicherheitseinrichtungen informiert werden:
    Wo befinden sich Feuerlöscher, Augenduschen, Löschdecken, Alarmknöpfe, Notbrausen, Notausgänge, Fluchtwege, Sammelplätze und Erste-Hilfe-Kästen. Ein jährlicher Probealarm sensibilisiert für diese Themen.

Grundregeln
- Nie alleine im Labor arbeiten!
- Werdende und stillende Mütter dürfen Labors nicht betreten.
- Essen, Trinken, Rauchen sind verboten.
- Labormantel, Schutzbrille und festes Schuhwerk sind Standardausrüstung.
- Nach Bedarf sind auch Staubmaske, Gasmaske, Schutzkleidung und Schutzhandschuhe zu verwenden.
- Ein sauberer Arbeitsplatz verbessert die Sicherheit und die Qualität der Arbeit (minimiert Verwechslungsgefahr).
- Information über die verwendeten Chemikalien und die Proben sollen vor der Verwendung eingeholt werden; dazu Warnhinweise auf der Verpackung und Sicherheitsdatenblätter (ggf. vom Auftraggeber) lesen.
- Mit giftigen oder ätzenden Stoffen im Abzug arbeiten.
- Pipettiert wird nur mit Pipettierhilfen wie Kolbenpipette oder Peleusball, niemals mit dem Mund!
- Laufmittel werden in dafür vorgesehenen Kanistern als Sonderabfall entsorgt.
- Abendliche Kontrolle des Arbeitsbereichs (Energien ausgeschaltet, Laufmittelabfall entleert usw.) ist Pflicht.
- Transport von Chemikalien erfolgt nur im Übergefäß (Eimer).
- Größere Mengen Chemikalien und Lösungsmitteln werden in dafür vorgesehenen Schränken gelagert.
- Gifte oder radioaktive Stoffe dürfen nur von Beauftragten ausgegeben und müssen verschlossen aufbewahrt werden.
- Reagenzien werden immer am Etikett angefasst, in Originalflaschen wird nichts zurückgegossen.
- Stahlflaschen sind anzuketten und nur mit Transportwagen zu transportieren.
- Alle Glasflaschen sind sofort mit Marker zu beschriften.

Der Satz von Paracelsus „Die Dosis macht das Gift" gilt bei Laborarbeit noch immer uneingeschränkt.

9.1 Sicherheitshinweise und Gefahrensymbole | 203

Xn Gesundheitsschädlich
Kann durch Einatmen, Verschlucken oder durch Aufnahme über die Haut zu akuten oder chronischen Gesundheitsschäden führen.

Zusatzbezeichnung:
R40 möglicherweise krebserregend

C Ätzend
Zerstört lebendes Gewebe bei Einatmen, Berührung mit der Haut oder Verschlucken (Säuren < pH 2, Laugen > pH 11).

Xi Reizend
Kann bei Berührung zu Entzündungen führen.

O Brandfördernd
Substanzen die bei Berührung mit einem brennbaren Stoff die Brandgefahr erhöhen.

T Giftig
Geringe Mengen können beim Verschlucken, Einatmen oder Berührung mit der Haut zu Gesundheitsschäden oder zum Tod führen
Zusatzbezeichnung:
R45, R46, R49, R60, R61
krebserzengend
fortpflanzungsfährdend
erbgutverändernd

F Leicht entzündlich
Stoffe, die einen Flammpunkt < 21 °C besitzen oder ein entzündliches Gasgemisch bilden.

T+ Sehr Giftig
Sehr geringe Mengen können beim Verschlucken, Einatmen oder Berührung mit der Haut zu Gesundheitsschäden oder zum Tod führen.

F+ Hoch entzündlich
Stoffe, die einen Flammpunkt < 0 °C besitzen, einen Siedepunkt < 35 °C haben und mit Luft ein explosives Gemisch bilden.

N Umweltgefährlich
Können Böden, Klima, Wasser, Pflanzen oder Mikroorganismen verändern.

E Explosionsgefährlich
Stoffe, die durch Schlag, Reibung, Wärme oder Zündquelle auch ohne Luftsauerstoff explodieren.

Abb. 9.1 Gefahrensymbole.

9.2
Sicherheit im Umgang mit Gasen

Vor allem im Gaschromatographiebereich werden verschiedene Gase in Stahlflaschen unter hohem Druck benötigt. Der sichere Umgang ist durch die Euro-Norm des Europäischen Industriegasverbandes (EIGA) geregelt.

Farbkennzeichnung

Die Norm zur neuen Farbkennzeichnung (Farbe der Flaschenschulter) liefert eine zusätzliche Information über den Gasinhalt. Um neue und alte Farbkennzeichnungen zu unterscheiden, wird bei NEUER Farbe die Flasche mit einem großem „N" markiert (Abb. 9.3).

Eigenschaft	Schulterfarbe	Beispiele
giftig u./o. ätzend	gelb	Ammoniak, Fluor, CO
entzündbar	rot	H_2, Methan, Ethylen
oxidierend	hellblau	Sauerstoff, Lachgas
erstickend	leuchtendes Grün	Druckluft

Gefahrgutaufkleber

Der Gefahrgutaufkleber enthält verbindliche Angaben über den Inhalt der Gasflasche, Reinheit und Zusammensetzung des Gases, Risiken, Gefahrenzettel (ADR/RID), EG Nummern, UN-Nummern sowie Hinweise zum Hersteller (Abb. 9.4).

Sicherheitsempfehlungen zum Umgang mit Gasflaschen
- Thermische, mechanische und chemische Beanspruchung vermeiden.
- In Zonen ohne Brandgefahr lagern.
- Gut zugänglich aufstellen.
- Nach Gasart und nach voll/leer getrennt lagern.
- Nur mit aufgeschraubter Schutzkappe lagern und transportieren.
- Mit Sicherheitskette vor Umfallen sichern.
- Nur so viele Reserveflaschen aufbewahren, wie für den Betrieb notwendig.
- Flaschenventile langsam, ruckfrei und vollständig öffnen.
- Flaschenventile nie ölen oder fetten.
- Bei leerer Gasflasche das Ventil schließen.
- Bei Flaschenwechsel mit Seifenlösung die Dichtheit prüfen. Undichte Flaschen ins Freie bringen und langsam entspannen (evtl. kühlen).

Wasserstoff

Der Einsatz von Wasserstoff bringt besondere Gefahren mit sich. Gaswarnanlagen im Labor sowie die Lagerung der Flaschen im Freien erhöhen die Sicherheit. Wasserstoff ist das leichteste aller Gase (84 mg/m^3) und sammelt sich daher an der Decke. Die Explosionsgrenzen liegen bei 4 Vol.-% (untere, UEG) und 75,6 Vol.-% (obere, OEG). Explosiv ist das Gemisch mit Luft schon wesentlich früher als etwa bei Propan/Luft; deshalb ist Wasserstoff so gefährlich.

Druckminderer

Der Druck in der Stahlflasche (bis 300 bar) muss auf einen Arbeitswert von ca. 5 bar reduziert werden. Dies wird mit Druckreduzierventilen mit Manometern erreicht. Die beiden Manometer zeigen den Druck der Stahlflasche und den reduzierten Arbeitsdruck an. Beim Anschluss einer neuen Flasche muss die Arbeitsdruck-Seite immer vollständig geschlossen sein (Abb. 9.2).

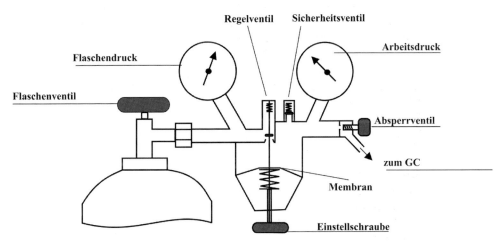

Abb. 9.2 Druckminderer.

Abb. 9.3 Kennzeichnung von Gasflaschen.

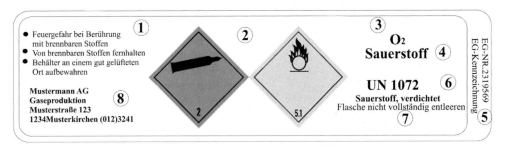

Abb. 9.4 Gefahrgutaufkleber.

9.3
Waagen, pH-Messgeräte, Ultraschallbäder

Um qualitative und quantitative Chromatographie zu betreiben, benötigt man zur Vorbereitung der Messlösungen und mobilen Phasen eine hochwertige Laborausrüstung.

Analysenwaage
Um die Empfindlichkeit der HPLC, GC oder DC voll auszuschöpfen, ist eine Anzeigeempfindlichkeit von 0,01 mg bei Analysewaagen anzustreben. Die Fehlergrenzen sind durch ein geeichtes Prüfgewicht zu kontrollieren. Es empfiehlt sich, vor jeder Einwaage die Ausrichtung der Waage zu prüfen. Eine Eichung der Waagen mit externer Überprüfung ist alle zwei Jahre sinnvoll (Abb. 9.6).
Lieferfirmen: Sartorius, Mettler

Oberschalige Laborwaage
Geeignet für Einwaagen von 0–2000 g zur Herstellung von Laufmittellösungen und größeren Probenmengen. Die Richtigkeit ist regelmäßig zu kontrollieren (Eichgewicht, Ausrichtungsüberprüfung) (Abb. 9.7).
Lieferfirmen: Sartorius, Mettler

pH-Meter
Der pH-Wert von HPLC-Laufmitteln muss sehr genau eingestellt werden, Abweichungen sollten unter 0,05 liegen. Die Kontrolle wird vor jeder Messung durch Eichlösungen durchgeführt (Abb. 9.9).
Lieferfirmen: Orion, Inula, Wagner & Munz, VWR, Müller Scherr

Ultraschallbad
Zum Lösen von Feststoffen und Entgasen von Lösungsmitteln ein unersetzliches Hilfsmittel. Achtung: Im Ultraschallbad herrschen je nach Standplatz verschiedene Schwingungs-bedingungen. Proben daher öfter umstellen. Eine Heizung und eine Zeitschaltuhr zur Überwachung des Lösungsvorgangs sind bei einem Neukauf möglichst einzuplanen (Abb. 9.8).
Lieferfirmen: Sonorex, Elma, Müller-Scherr, Wagner & Munz, VWR

9.3 Waagen, pH-Messgeräte, Ultraschallbäder

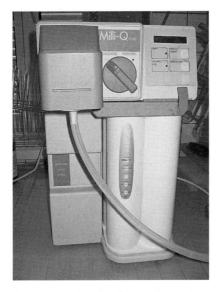

Abb. 9.5 Reinstwasseranlage (Milli-Q plus von Millipore).

Abb. 9.6 Analysenwaage (XP 205 Delta Range von Mettler Toledo).

Abb. 9.7 Oberschalige Laborwaage (Sartorius)

Abb. 9.8 Ultraschallgerät (Elmasonic S120H).

Abb. 9.9 pH-Meter (Metrohm 780).

9.4
Chemikalien und Volumenmessung

Reinstwasseranlage
Bei allen gängigen Analysemethoden wird eine ausreichende Reinheit des Wassers durch eine Milli-Q-Anlage (Leitfähigkeit 18 M$\Omega \cdot$ cm^{-1}) erreicht. Wichtig ist, dass der Austausch der Reinigungskartuschen in den vom Hersteller empfohlenen Zeitabständen erfolgt. Wasser mit HPLC-Grad wird bei Arbeiten im ppb-Bereich verwendet (Abb. 9.5).
Lieferfirma: Millipore

Lösungsmittel und Chemikalien
Laborchemikalien werden in der höchstmöglichen Reinheit verwendet (p. a.).
Ein Ablaufdatum sollte vorgegeben werden, um Verunreinigungen durch den Laborbetrieb möglichst gering zu halten.
Bei Lösungsmitteln hat sich die Anforderung HPLC-Grad durchgesetzt. Sollte dies nicht zur Verfügung stehen, ist eine Reinigung über eine 30-cm-Silicagelsäule anzuraten.
Lieferfirmen: Neuber, Merck, Baker, Aldrich, Fluka, Sigma

Volumenmessungen (Abb. 9.10)

Pipetten
Die herkömmlichen Glaspipetten werden immer mehr durch Pipettiergeräte mit austauschbarer Spitze ersetzt. Während Glaspipetten vom Hersteller oder Eichamt kontrolliert werden, müssen Pipettiergeräte halbjährlich durch Abwaage von Wasser (Temperatur beachten) selbst überprüft werden.
Lieferfirmen: Eppendorf, Hirschmann, Wagner & Munz, Bartelt/Brand, Macherey & Nagel, Müller Scherr, VWR

Messkolben und Zylinder
Messkolben werden vom Hersteller oder Eichamt geeicht und sind bei korrektem Auffüllen mit dem angegebenen Volumen befüllt (Temperatur und Meniskus beachten). Messzylinder sind auf Ausguss geeicht und müssen dem zu messenden Volumen angepasst sein.
Lieferfirmen: Wagner & Munz, VWR, Müller Scherr

Abweichung des Volumens von der Temperatur
Durch unterschiedliche Temperaturen (verschiedene Lösezeiten im Ultraschall) von Probe und Standardlösungen können erhebliche Volumenunterschiede entstehen. Faustregel: 10 °C Temperaturdifferenz entsprechen rund 1 % Volumenänderung.

Messkolben Blaubrand

Volumen	Toleranz +/- ml	Abweichung in %
5 ml	0,025 ml	0,50 %
20 ml	0,04 ml	0,20 %
100 ml	0,10 ml	0,10 %
200 ml	0,15 ml	0,075 %

Messzylinder Blaubrand

Volumen	Toleranz +/- ml	Abweichung in %
10 ml	0,1 ml	1,00 %
100 ml	0,5 ml	0,50 %
250 ml	1 ml	0,40 %
1000 ml	5 ml	0,50 %

Vollpipetten Blaubrand

Volumen	Toleranz +/-ml	Abweichung in %
1 ml	0,007 ml	0,70 %
5 ml	0,015 ml	0,30 %
10 ml	0,020 ml	0,20 %
25 ml	0,030 ml	0,12 %

Eppendorf Multipette plus Combitip

Kolbengröße	Entnahmevolumen	Unrichtig +/- in %	Unpräzision in %
0,2 ml	40 µl	0,80 %	1,50 %
2,5 ml	0,5 ml	0,50 %	0,30 %
5,0 ml	1,0 ml	0,50 %	0,25 %
25 ml	5,0 ml	0,30 %	0,25 %
50 ml	10,0 ml	0,30 %	0,25 %

Abb. 9.10 Parameter von Geräten zur Volumenmessung.

9.5
Pipettieren

Das Pipettieren gehört zu den fehlerträchtigsten Schritten der Probenvorbereitung. Erforderlich ist eine sichere Technik, die nicht vom Benutzer abhängt. Klare Angaben, die Schulung aller Anwender und die regelmäßige Beschäftigung mit der Gebrauchsanweisung sind unumgänglich.

Pipettiergeräte: Prinzipien (Abb. 9.12 und 9.13)

- **Luftverdrängerpipetten** (Luftpolster, Kolbenhub): Dabei wird ein in der Pipette befindlicher Kolben bewegt und die Flüssigkeit durch Bewegen eines Luftpolsters in eine Sitze aufgesaugt.
- **Direktverdrängersysteme** (positive displacement): Der in der Spitze integrierte Kolben hat direkt Kontakt mit der Probelösung. Kolben und Spitze werden bei jedem Pipettiervorgang erneuert. Wichtige Anwendungen: Viskose Lösungen, Lösungen mit hohen Dampfdrücken oder Dichten sowie aggressive oder radioaktive Stoffe, bei denen eine Kontamination mit der Pipette ausgeschlossen werden muss.

Pipettiertechnik am Beispiel Eppendorf Research und Multipette

Pipettenwahl
Das Pipettiervolumen entscheidet über die verwendete Pipette, die richtige Pipettenspitze und damit über die Messabweichung.

Volumen einstellen
Bei Eppendorf Research (Luftverdränger) wird das Volumen immer vom höheren zum niederen Wert eingestellt.

Bei Eppendorf Multipette (Direktverdränger) muss auf das Einrasten des Einstellmechanismus geachtet werden.

Eintauchwinkel und Eintauchtiefe
Beim Aufsaugen der Probelösung ist die Pipette senkrecht zu halten. Die Spitze taucht je nach Pipettiervolumen 1–10 mm weit in die Lösung ein (Tab. 9.1).

Flüssigkeitsaufnahme
Das Vorbenetzen der Spitze gleicht die verschiedenen Eigenschaften der Lösungen aus.

Eppendorf Research: Ersten Anschlag drücken, Spitze eintauchen und Lösung langsam aufsaugen.

Eppendorf Multipette: Füllhebel langsam und gleichmäßig bis zum Anschlag hochziehen. Kleines Luftpolster über der Lösung stört nicht. Spitze abwischen. *Ersten Hub verwerfen!* Erst dann ist die Pipette betriebsbereit.

Flüssigkeitsabgabe

Eppendorf Research: Spitze schräg an die Glaswand halten. Bedienknopf langsam zum ersten Anschlag (Messhub) drücken; warten, bis keine Flüssigkeit mehr nachläuft. Dann durch Drücken zum zweiten Anschlag (Überhub) die Spitze entleeren. Spitze an der Gefäßwand hochziehen, erst dann den Bedienknopf zurückgleiten lassen.

Eppendorf Multipette: Spitze an der Gefäßwand anlegen, Dosierhebel zügig und vollständig drücken.

Kontinuität

Der gleichmäßige Rhythmus beim Aufsaugen und Ausstoßen der Lösungen ist ein wichtiger Faktor bei der Messgenauigkeit. Er kann nur durch ständiges Schulen und Training der Benutzer erreicht werden. Elektronische Pipetten können diesen Fehler ausschalten.

Prüfung

In Übereinstimmung mit EN ISO 8655 sollen mindestens 1× jährlich die Volumen (100 %, 50 % und 10 % des Nennvolumens) der Pipetten durch 10-maliges Pipettieren von Wasser auf eine Analysenwaage überprüft werden (siehe dazu Tab. 9.2). Dabei müssen Pipette und Prüfflüssigkeit vortemperiert (bei Raumtemperatur akklimatisiert) werden. Die Dichte des Wasser wird berücksichtigt. Alle Überprüfungen werden protokolliert.

Weitere Fehlerquellen

- Durch den Handwärmungseffekt wird das Volumen verändert (Abb. 9.11).
- Die Spitzen haben eine schlechte Passform (nur Originalspitzen verwenden).
- Die Kolbenbewegungen sind ruckartig.
- Die Spitze wurde nicht vorbenetzt.
- Spritzer im Spitzenschaft entstehen durch zu schnelles Aufziehen.
- Temperaturunterschiede sind zu groß (Lösung aus dem Kühlschrank oder U-Bad).
- Dampfdruck und Viskosität machen das Pipettieren schwierig; vielleicht ist das Einwiegen der Probe besser?
- Kreuzkontamination kann bei Kolbenhubpipetten auftreten.

*** Abb. 9.11: Achsen-Beschriftung mangelhaft! ***

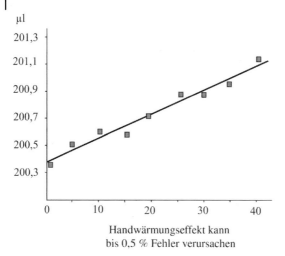

Abb. 9.11 Handwärmungseffekt.

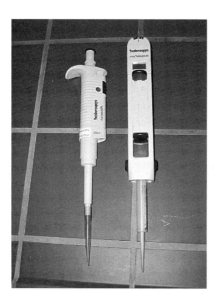

Abb. 9.12 Pipettiergeräte: Kolbenhub und Direktverdränger.

Abb. 9.13 Pipettiergeräte in verschiedenen Größen.

Tab. 9.1 Eintauchtiefe der Pipettenspitze.

Messbereich	Eintauchtiefe
0,5–10 µl	1 mm
10–100 µl	2–3 mm
100–1000 µl	3–6 mm
1 ml–20 ml	6–10 mm

Tab. 9.2 Temperatur-Korrekturfaktor Z für die Prüfung von Pipetten mit destilliertem Wasser. Die Einwaage (z. B. 994 mg für 1 ml) wird mit diesem Faktor multipliziert.

Temperatur °C	Z (p = 100 kPa)	Temperatur °C	Z (p = 100 kPa)
15,0	1,0020	22,5	1,0034
15,5	1,0020	23,0	1,0035
16,0	1,0021	23,5	1,0036
16,5	1,0022	24,0	1,0037
17,0	1,0023	24,5	1,0039
17,5	1,0024	25,0	1,0040
18,0	1,0025	25,5	1,0041
18,5	1,0025	26,0	1,0042
19,0	1,0026	26,5	1,0044
19,5	1,0027	27,0	1,0045
20,0	1,0028	27,5	1,0047
20,5	1,0029	28,0	1,0048
21,0	1,0031	28,5	1,0049
21,5	1,0032	29,0	1,0051
22,0	1,0033	29,5	1,0052

Anhang A
Chromatographie im Internet (Links)

Das ständige Austauschen von Applikationen und Tipps über das Internet ist in der Chromatographie wie in der gesamten modernen Analytik unerlässlich.

Die in der folgenden Übersicht zusammengestellten Webserver bilden nur einen kleinen Ausschnitt aus dem großen Informationsangebot des Internet und sollen Anregungen für Ihre eigenen Surfausflüge geben.

In die Beurteilung flossen die Übersichtlichkeit der Seiten und der Informationsgehalt für Anwender der Chromatographie ein:

*   wenig Information
**   brauchbare Information
***   gutes Arbeitsmittel
****   sehr zu empfehlen

A1
Grundlagen Chromatographie – Wissen – Linksammlungen

Link	Beschreibung
www.analytik-news.de ****	Ein toller Ausgangspunkt für die Suche im www von Dr. Torsten Beyer. Analysetechniken/HPLC/GC/DC/Marktübersicht usw., Links.
www.biochemie.de/dc ***	Handbuch der Grundlagen der DC mit Anwenderbeispielen.
www.chemie.at **	Adressen und Links für Bestellungen im Chemiebereich (Österreich), mit Online-Katalogen.
www.chemieonline.de **	Stellenangebote, Bibliothek, Usertreff, Labortabellen, SI-Einheiten.
www.chemlin.de ****	Linksammlung Chemie A–Z.
www.de.wikipedia.org ****	Online-Lexikon, das auch über Chromatographie mehr als nur Grundlagenwissen bietet.
www.labor.at ***	Laborportal Österreich, Adressen zu Chemie und Laboreinrichtungen.
www.laborpraxis.de **	Online-Zeitschrift mit Artikeln und Links.
www.med4you.at **	Medizinische Seite; bietet unter „Laborbefunde – Techniken" Grundlagen der Chromatographie.
www.periodensystem.info **	Alles über das Periodensystem der Elemente mit vielen Daten.
www.plattchrom.at ***	Plattform für Anwender von chromatographischen Analysetechniken, mit Grundlagenwissen. Veranstaltungskalender Österreich.
www.chemgapedia.de ****	Vernetztes Studium mit sehr guten Erklärungen zu analytischen Themen, mehr als nur Grundlagen.
www.chemie.de ***	Was ist los am Markt? Neuigkeiten, Links zu Katalogen usw.
www.chemie-datenbanken.de ****	Kostenfreie Datenbanken zu Stoffdaten, mit hervorragender Übersicht; von Dr. Torsten Beyer.

A1 Grundlagen Chromatographie – Wissen – Linksammlungen

Link	Beschreibung
www.analytik.de ****	Ausgangspunkt für alle Disziplinen der Analytik, sehr übersichtlich.
www.tgs-chemie.de ***	Chemieseite eines Gymnasiums, sehr umfangreiche Linksammlung!
www.dpma.de *	Homepage des Patent- und Marktamts.
www.e-learning-chemie.de **	Grundlegendes zum Thema Chromatographie, Onlineausbildung.
www.sach.ch *	Präsentation der DAC (Division Analytische Chemie) und SCG (Schweizerische Chemische Gesellschaft).
www.mplus-gmbh.de *	Gesellschaft für instrumentelle Analytik aus Bremen; Gerätevertrieb.
www.gefahren-abc.info ***	Informationen über Gefahren im Labor.
www.cluster-chemie.de **	Vor allem eine Gesamtübersicht über Firmen, Institute und wissenschaftliche Einrichtungen.
www.trinkwasser.de ***	Analytik zum Thema Trinkwasser.
www.umweltdatenbank.de/lexikon.htm ***	Lexikon zu allen Fragen zum Thema Umweltanalytik.
www.labo.de **	Marktübersicht zum Thema Labor.
www.wlw.de ***	Wer liefert was? Adressen und Links zu allen Lieferanten; steht auch für Österreich (wlw.at) und die Schweiz (wlw.ch) zur Verfügung.

A2
Lieferanten Laborbedarf – Waagen – Ultraschall

Link	Beschreibung
http//.at.chemdat.info/mda/at/ ****	Direktzugang Merck Österreich mit Suchmöglichkeit nach Chemikalien, Daten und Sicherheitsdatenblättern.
www.bartelt.at ****	Labor- und Datentechnik. Gute Suche durch Katalogindex, Produktgruppen, Hersteller, Prozesstechnik usw.
www.brand.de *	Brand Labortechnik: Pipetten, Handling
www.buchi.com *	Informationen über Rotationsverdampfer, keine Bestellmöglichkeit (Fachhandel!).
www.at.fishersci.com **	Fisher Scientifc für Laborbedarf mit Online-Katalog, auch für Deutschland verfügbar (www.de...).
www.laborbedarf.de *	Wenzel: Laborshop mit Online-Katalog für Laborbedarf und -einrichtung.
www.merck.de ***	Chemikalienhandel. Optimale Suche nach Chemikalien und Daten.
www.mt.com **	Mettler Toledo, Marktführer bei analytischen Waagen.
www.mueller-scherr.com *	Laborausrüster mit Online-Katalogen.
www.sartorius.com **	Analytische Waagen, Mikrofiltertechnik.
www.schott.at *	Laborglas.
www.sigmaaldrich.com **	Katalog, Datenbank in Englisch
www.sonorex.at *	Ultraschallbäder zum Lösen im Labor.
www.vwr.com **	Allgemeiner Laborbedarf, Chromatographiebedarf, Links zu Online- Katalogen.
www.wagnermunz.com **	Laborausrüster mit Online-Katalog.
www.labor.de	Laboreinrichtung, Abzüge, Systemlabor.

A3
DC-/GC-/HPLC-Applikationen

Links	Beschreibung
www.agilent.com **	Agilent Technologies ist ein Lieferant von GC/MS, LC/MS und mehr. Applikationsdatenbank. Großteils in Englisch.
www.alphachrom.de *	Alpha Chrom OHG, spezialisiert auf präparative Chromatographie
www.ansyco.de *	Spezialisiert auf tragbare GC.
www.bruckner-analysetechnik.at **	Lieferant Chromatographie; gute Produktinfo und viele Links zu Säulen- und Gerätefirmen.
www.camag.de ****	Die beste Adresse zum Thema DC. Grundlagenwissen und Applikationen.
www.dionex.at **	Lieferant HPLC-Geräte, Säulen; Online-Handbücher zu den Geräten, Applikationen; in Englisch
www.hamiltoncomp.com ***	Säulen, Compound Index mit vielen Applikationen
www.hplc.at **	Homepage von Dr. Manfred Wagner Löffler mit guter Gesamtübersicht zu stationären Phasen. Applikationsberatung wird kostenlos angeboten.
www.perkin-elmer.at *	Gerätehersteller HPLC-/GC-Applikationen
www.macherey-nagel.com ****	Säulenhersteller. Die **beste** kostenlos im Netz verfügbare Applikationsdatenbank.
www.quma.com **	Hersteller von tragbaren GC-Geräten, Headapace GC in einem Gerät; Geschmacks- und Geruchsanalytik.
www.shimadzu.de *	Gerätehersteller Chromatographie.
www.waters.at **	Gerätehersteller HPLC, Applikationsdatenbank; in Englisch.
www.cp-analytica.at *	Lieferant HPLC, Applikationen, Links.
www.axelsemrau.de *	Chromatographie und Seminare; eigener Teil für Ölanalytik; Fraktionssammler
www.schambeck-sfd.com	Spezialist für GC, HPLC.
www.scpa.de **	Softwarelösungen für analytische Prozesse.
www.sunchrom.de *	SunChrom Wissenschaftliche Geräte GmbH.
www.sykam.de *	Systeme und Komponenten der Analytischen Messtechnik.
www.varianinc.com **	LC/MS, GC/MS usw., in Englisch
www.knauer.net ***	Ausführliche Applikationen und Geräteangebote.

A4
Qualitätssicherung/Kurse/Pharmazie

Link	Beschreibung
www.apotheker.or.at ***	Seite der österreichischen Apothekerkammer mit Arzneimittelgesetz, Heilpflanzenarchiv usw.
www.bfarm.de **	Bundesinstitut für Arzneimittel. Grundlegendes über Arzneibücher, Registrierung und Zulassung. Allgemein gehalten, aber mit vielen Adressen.
www.fda.gov *	Homepage der amerikanischen Zulassungsbehörde FDA.
www.gmp-navigator.com ***	Alles zum Thema Qualitätsicherung: GMP, Guidelines zum Herunterladen, Kurse.
www.novia.de ***	Kursanbieter zu allen Bereichen der Chromatographie und Qualitätssicherung.
www.quality.de ****	Lexikon der Qualitätssicherung.

Anhang B
Adressen

B1
Deutschland

Laborgeräte, Chemikalien, Lösungsmittel

Firma	Adresse	Telefon	e-Mail/Internet
Merck KG a. A.	Frankfurter Str. 250 64293 Darmstadt	+49 6151 72-0	service@merck.de www.merck.de
BÜFA Chemikalien GmbH & Co. KG	Steinrader Hauptstr. 57a 23556 Lübeck	+49 498075	Luebeck-chemikalien @buefa.de www.buefa.de
Ict Handels GmbH	Frankfurter Landstr. 126 61352 Bad Homburg	+49 6172 4063-0	e.reinhardt @ict-inter.net www.ict-inter.net
Sigma-Aldrich GmbH	Eschenstr. 5 82024 Taufkirchen	+49 89 6513-0	deorders @europe.sial.com www.sigma-aldrich.com
Brenntag Chemiepartner GmbH	Am Nordseekai 22 73207 Plochingen	+49 7153 70150	brenntaggmbh @brenntag.de www.brenntag.de
Wagner & Munz GmbH	In der Rosenau 4 81829 München	+49 89 451023-0	office @wagnermunz.com www.wagnermunz.com
VWR International GmbH	Hilpertstr. 20a 64295 Darmstadt	+49 6151 3972-0	info@de.vwr.com www.vwr.com
Synlab diagnostik GmbH	Friedrichsring 4 68161 Mannheim	+49 621 1667240	synlabdia@aol.com
Bolko Jung GmbH	Im Langgewann 12c 65719 Hofheim	+49 6192 2036411	info@bolkojung.de www.bolkojung.de
Dewert Labortechnik	Habighorster Weg 324 32257 Bünde	+49 5223 4002	info@dewert-online.de www.derwert-online.de

Instrumentelle Analytik, Waagen, pH-Meter

Firma	Adresse	Telefon	e-Mail/Internet
Brand GmbH & Co. KG	Postfach 1155 97861 Wertheim	+49 9342 808-0	info@brand.de www.brand.de
Mettler-Toledo GmbH	Auf den Röden 20 35321 Laubach	+49 6405 90270	michael.busch@mt.com www.mt.com
Sartorius AG	Weender Landstr. 94–108 37075 Göttingen	+49 551 308-0	info.@sartorius.com www.sartorius.com
Waagen Dienst Winkler GmbH	Dreimühlenstr. 21 80469 München	+49 89 7259044	info@waagendienst.de www.waagendienst.de
Fisher Scientific GmbH	Im Heiligen Feld 17 58239 Schwerte	+49 2304 9325	info@de.fishersci.com www.de.fishersci.com
Medite Ges. f. Medizintechnik	Wollenweberstr. 12 31303 Burgdorf	+49 5136 8884-0	dales@medite.de www.medite.de

Laborglas, Eppendorf Pipetten, Reinstwasseranlagen, Ultraschallgeräte

Firma	Adresse	Telefon	e-Mail/Internet
Schott AG	Hattenbergstr. 10 55122 Mainz	+49 6131 660	www.schott.com
Schalltec GmbH	Gerauerstr. 34 Mörfelden-Walldorf	+49 6105 406767	info@schalltec.de www.schalltec.de
Millipore GmbH	Am Kronberger Hang 5 65824 Schwalbach	+49 6196 494-0	info@millipore.com www.millipore.com
Steiner GmbH Labortechnik	Talsbachstr. 14a 57080 Siegen	+49 271 382035	Steiner-chemie @t-online.de www.steiner-chemie.de
Hirschmann Laborgeräte GmbH	Hauptstr. 7–15 74246 Eberstadt	+49 07134 511-0	info@hirschmannlab.de www.hirschmannlab.de
Eppendorf Vertrieb Deutschland GmbH	Peter-Henlein-Str. 2 50389 Wesseling	+49 2232 418-0	vertrieb@eppendorf.de www.eppendorf.de
Büchi Labortechnik	Am Porscheplatz 5 45127 Essen	+49 201 747490	deutschland @buchi.com www.buchi.com

Anhang B Adressen

Geräte, stationäre Phasen, Applikationen

Firma	Adresse	Telefon	e-Mail/Internet
Phenomenex LTD	Zeppelinstr. 5 63741 Aschaffenburg	+49 6021 58830-0	anfrage @phenomenex.com www.phenomenex.de
YMC Kronlab GmbH	Schöttmannshof 19 46539 Dinslaken	+49 2064 427-0	info@kronlab.com www.kronlab.com
Bio-Rad Laboratories GmbH	Heidemannstr. 164 80939 München	+49 89 31884-0	Techsupport.germany @bio-rad.com www.bio-rad.com
Macherey-Nagel GmbH & Co. KG	Neumann-Neander-Str. 6–8 52355 Düren	+49 2421 969-0	sales@mn-net.com www.mn-net.com
Zeochem AG	Justus-Liebig-Str. 3 41564 Kaarst	+49 2131 1257597	info@zeochem.de www.zeochem.de
GSG Mess und Analysegeräte GmbH	Im Technologiedorf 9 76646 Bruchsal	+49 7251 9819-0	saleseur @gsg-analytical.com www.gsg-analytical.com
PerkinElmer Instruments GmbH	Ferdinand-Porsche-Ring 17 63110 Rodgau	+49 6106 610-0	cc.germany @perkinelmer.com www.perkinelmer.com
Desaga	In den Ziegelwiesen 1–7 69168 Wiesloch	+49 6222 9288-0	sales@desaga-gmbh.de www.desaga-gmbh.de
SES GmbH	Friedhofstr. 7–9	+49 6736 1301	Ses_analysesysteme @t-online.de www.tlc-fid.com
SunChrom Geräte GmbH	Max-Planck-Str. 22 61381 Friedrichsdorf	+49 6172 953350	info@sunchrom.de www.sunchrom.de
Waters GmbH	Helfmann-Park 10 65760 Eschborn	+49 6196 400-600	deutschland @waters.com www.waters.com
Dionex Softron GmbH	Dornierstr. 4 82110 Germering	+49 89 89468-0	info@softron.de www.softron.de
Camag DC	Bismarckstr. 27–29 12169 Berlin	+49 30 5165550	info@camag-berlin.de www.camag.com
Agilent Technologies	Herrenberger Str. 130 71034 Böblingen	+49 7031 464-0	www.agilent.com
Ionic Systems GmbH	Vaihinger Markt 14 70563 Stuttgart	+49 711 6773211	info@ionic-systems.de www.ionic-systems.de

B2
Österreich

Laborgeräte, Chemikalien, Lösungsmittel

Firma	Adresse	Telefon	e-Mail/Internet
Merck GmbH	Zimbagasse5 1147 Wien	+43 157 6000	merck-wien@merck.at www.merck.at
Müller-Scherr	Hasnerstr. 36 4020 Linz	+43 732 651521-0	office @mueller-scherr.com www.mueller-scherr.com
Neuber Brenntag	Rubensstr. 48 4050 Traun	+43 732 370 200 0	martin.prinz @brenntag.at www.neuber.at
Sigma-Aldrich GmbH	Favoritner Gewerbering 10 1100 Wien	+43 1 605 811 0	sigma@sigma.co.at www.sigmaaldrich.com
VWR International	Graumanngasse 7 1150 Wien	+43 1 97002-0	info@at.vwr.com www.vwr.com
Wagner & Munz	Mariahilfer Str. 123/3 1060 Wien	+43 1 599 994-8	office @wagnermunz.com http://wagnermunz.com

Instrumentelle Analytik, Waagen, pH-Meter

Firma	Adresse	Telefon	e-Mail/Internet
Bartelt GmbH	Dauphinstr. 80 4030 Linz	+43 732 303778	bal@bartelt.at www.bartelt.at
Inula GmbH	Löwenburggasse 2 1080 Wien	+43 1 405 62 35	office@inula.at www.inula.at
Mettler-Toledo GmbH	Südrandstr. 17 1230 Wien	+43 1 604 1980	info-laborsales.mtat @mt.co www.mt.com
Sartorius GmbH	Franzosengraben 12 1030 Wien	+43 17965760-0	info.austria @sartorius.com www.sartorius.com

Laborglas, Eppendorf Pipetten, Reinstwasseranlagen, Ultraschallgeräte

Firma	Adresse	Telefon	e-Mail/Internet
Millipore GmbH Reinstwasser	Hietzinger Hauptstr. 145 1130 Wien	0820 87 44 64	www.millipore.com
Schott Austria GmbH Laborglas	Bruenner Str. 73 1210 Wien	+43 1 2901756	info.austria@schott.com www.schott.at
IMR Mechatronik Sondermaschinen	Jessenigstr. 4 9220 Velden	+43 316 692542	office @imr-mechatronik.com www.imr-mechatronik
Wittmann GmbH	Pachmayergasse 2–4 1110 Wien	+43 1 7498404	office@sona.at www.sona.co.at

Geräte, stationäre Phasen, Applikationen

Firma	Adresse	Telefon	e-Mail/Internet
Agilent Technologies	Dresdner Str. 81–85 1100 Wien	+43 1 12 51 25 -0	analytik_austria @agilent.com www.agilent.at
Biorad	Hummelgasse 88/3–6 1130 Wien	+43 1 877 89 01	www.bio-rad.com
Markus Bruckner Analysentechnik	Schumannstr. 4 4030 Linz	+43 732 94 64 84	office@bm-at.com www.bm-at.com
Dionex	Laxenbergerstr. 220 1230 Wien	+43 1 61 65 12 5	dionex@dionex.at www.dionex.com
Hamilton	Frauenhoferstr. 17 D-82152 Martinsried	+49 89 552649-0	info @hamiltonrobotics.com www.hamiltoncomp.com
HPLC-Service	Franziska Lechnergasse 24 2384 Breitenfurth	+43 2 23 94 27 1	hplc@hplc.at www.hplc.at
Merck GmbH	Zimbagasse 5 1147 Wien	+43 157 6000	merck-wien@merck.at www.merck.at
Sigma-Aldrich GmbH	Favoritner Gewerbering 10 1100 Wien	+43 1 605 811 0	sigma@sigma.co.at www.sigmaaldrich.com
VWR International	Graumanngasse 7 1150 Wien	+43 1 97002-0	info@at.vwr.com www.vwr.com
Wagner & Munz	Mariahilfer Str. 123/3 1060 Wien	+43 1 599 994-8	office @wagnermunz.com http://wagnermunz.com
Waters Austria	Hietzinger Hauptstr. 145 1130 Wien	+43 1 877 180 7	vienna@waters.com www.waters.com
ARC Seibersdorf research GmbH	Forschungszentrum 2444 Seibersdorf	+43 5 550-0	seibersdorf@arcs.ac.at www.arcs.ac.at
SRD Chromatography	Lindengasse 6 2193 Wilfersdorf	+43 2273 2141	srd.chromatography @utanet.at
Shimadzu Handelsges. mbH	Laaer Str. 7–9 2100 Korneuburg	+43 2262 62601-0	office @shimadzu.eu.com www.shimadzu.de

B3
Schweiz

Laborgeräte, Chemikalien, Lösungsmittel

Firma	Adresse	Telefon	e-Mail/Internet
Faust Laborbedarf	Ebnatstr. 65 8200 Schaffenhausen	+41 52 6300101	info@faust.ch www.faust.ch
Tschudin Medizinal- und Laborbedarf	Bahnhofstr. 1 8965 Berkon	+41 56 6484811	tschudin@active.ch www.tschudinlab
Sigma-Aldrich GmbH	Industriestr. 25 9470 Buchs	+41 81 7552828	fluka@sial.com www.sigmaaldrich.com
Merck (Schweiz) AG	Rüchligstr. 20 8953 Dietikon	+41 44 7451122	pharma@merck.ch www.merck.ch

Instrumentelle Analytik, Waagen, pH-Meter

Firma	Adresse	Telefon	e-Mail/Internet
IWS Industrielles Waege System	Chli Ebnet 1 6403 Küssnacht/Rigi	+41 41 8507555	iws.ag@bluewin.ch
Mettler-Toledo GmbH	Im Langacher 8606 Greifensee	+41 44 9444545	info.ch@mt.com www.mt.com
Sartorius Schweiz AG	Lerzenstr. 21 8953	+41 44 7465000	mechatronics.switzerland@sartorius.com www.sartorius.com

Laborglas, Eppendorf Pipetten, Reinstwasseranlagen, Ultraschallgeräte

Firma	Adresse	Telefon	e-Mail/Internet
Schott Schweiz AG Laborglas	St. Josefen-Str. 20 9000 St.Gallen	+41 71 2744242	Info.schweiz@schott.com www.schott.ch/schweiz
Büchi Labortechnik AG	Meierseggstr. 40 9230 Flawil	+41 71 3946363	info@buchi.com www.buchi.com

Geräte, stationäre Phasen, Applikationen

Firma	Adresse	Telefon	e-Mail/Internet
Sagroma AG	Christoph Merian-Ring 31 A 4153 Reinach	+41 61 7178717	info@stagroma.com www.stagroma.com
Vici AG International	Parkstr. 2 6214 Schenkon	+41 41 9256200	info@vici.ch www.vici.com
Simec AG Industrieservice	Areal Bleiche West 4800 Zofingen	+41 62 7528308	info@simec.ch www.simec.ch
Waters AG	Dorfstr. 10 5102 Rupperswil	+41 62 8892030	waters_schweiz @waters.com www.waters.ch
Dionex Switzerland AG	Solothurnerstr. 259 4600 Olten	+41 62 2059966	dionex@dionex.ch www.dionex.ch
Bio-Rad Laboratories AG	Nenzlingerweg 2 4153 Reinach	+41 61 7179555	swiss@bio.rad.com www.bio.rad.com
Agilent Technologies AG	Lautengartenstr. 6 4052 Basel	+41 61 28655544	customercare_ switzeland@agilent.com www.agilent.com
CAMAG AG	Sonnenmattstr. 11 4132 Muttenz	+41 61 4673434	info@camag.com www.camag.com
Hamilton Bonaduz AG	Via Crusch 8 7402 Bonaduz	+41 81 6606060	marketing @bonaduz.hamilton.ch www.hamiltoncompany.com
Metrohm AG Ionenanalytik	Obersdorfstr. 68 9101 Herisau	+41 71 3538580	sales@metrohm.ch www.metrohm.com
Thermo Electron Schweiz AG	Hegenheimermattweg 65 4123 Allschwil	+41 61 4878400	www.thermo.com
Macherey-Nagel AG	Hirsackerstr. 7 4702 Oensingen	+41 62 3885500	sales-ch@mn-net.com www.mn-net.com
Waters AG	Dorfstr. 10 5102 Rupperswil	+41 62 8892030	waters_schweiz @waters.com www.waters.ch

Anhang C
Chemikalien fürs Chromatographielabor

Eine kleine Auswahl organischer Lösungsmittel, Ionenpaarreagenzien und anorganischer Chemikalien, die im Chromatographielabor verwendet werden. Adressen von Lieferanten finden Sie in Anhang B.

Bestellkataloge von Lieferanten enthalten oft auch Informationen zur Chromatographie und Applikationsbeispiele.

Anorganische Chemikalien

	Reinheit	Summenformel	g/mol	g/L	Firma	Bestellnummer	Packung
Ammoniaklösung	25 %	NH_4OH		0,91	Merck	1.054.321.000	1 L
Ammoniumacetat	p. a.	CH_3COONH_4	77,08		Merck	1116	1 kg
di-Ammoniumhydrogenphosphat	p. a.	$(NH_4)_2HPO_4$	132,05		Merck	1.012.070.500	500 g
Ammoniumdihydrogenphosphat	p. a.	$(NH_4)H_2PO_4$	115,03		Merck	1.011.260.500	500 g
Ammoniumsulfat	p. a.	$(NH_4)_2SO_4$	132,14		Merck	1.012.171.000	1 kg
Essigsäure	99–100 %	CH_3COOH	60,05	1,05	Baker	6052	2,5 L
Kaliumchlorid	p. a.	KCl	74,55		Baker	509	1 kg
Kaliumdihydrogenphosphat	p. a.	KH_2PO_4	136,09		Merck	1.048.731.000	1 kg
di-Kaliumhydrogenphosphat	p. a.	K_2HPO_4	174,18		Merck	1.048.850.500	500 g
Natriumacetat	p. a.	CH_3COONa	82,03		Merck	1.062.681.000	1 kg
Natriumcarbonat	p. a.	Na_2CO_3	105,99		Merck	1.063.920.500	500 g
Natriumchlorid	p. a.	$NaCl$	58,44		Merck	1.064.041.000	1 kg
Natriumdisulfit	p. a.	$Na_2O_5S_2$	190,10		Merck	1.065.281.000	1 kg
Natriumdihydrogenphosphat-monohydrat	p. a.	$NaH_2PO_4 \cdot H_2O$	137,99		Merck	1.063.461.000	1 kg
di-Natriumhydrogenphosphat-dihydrat	reinst	$Na_2HPO_4 \cdot 2\,H_2O$	177,99		Merck	1.065.765.000	5 kg
di-Natriumhydrogenphosphat-dodecahydrat	reinst	$Na_2HPO_4 \cdot 12\,H_2O$	358,14		Merck	1.065.790.500	500 g
Natriumperchlorat-monohydrat	p. a.	$NaClO_4 \cdot H_2O$	140,46		Merck	106.564.500	500 g
Molekularsieb	0.4 nm				Merck	1.057.390.250	250 g
Oxalsäure-dihydrat	p. a.	$C_2H_2O_4 \cdot 2\,H_2O$	126,07		Merck	1.004.950.500	500 g
Perchlorsäure	70–72 %	$HClO_4$	100,46	1,68	Merck	1.005.191.000	1 L
ortho-Phosphorsäure	85 % p. a.	H_3PO_4		1,71	Merck	1.005.731.000	1 L
Salzsäure rauchend	37 % p. a.	HCl		1,09	Merck	1.003.172.500	2,5 L
Wasserstoffperoxid-Lösung	30 %	H_2O_2		1,11	Merck	1.031.322.500	1 L

Spezielles/Ionenpaarchromatographie

	Reinheit	Summenformel	g/mol	g/L	Firma	Bestellnummer	Packung
Decan-1-sulfonsäure Na-Salz	z. S.	$C_{10}H_{21}NaO_3S$	244,33		Aldrich	22,157-0	25 g
Heptan-1-sulfonsäure Na-Salz	98 %	$CH_3(CH_2)_6SO_3Na$	202,25		Aldrich	22,155-4	100 g
Hexadecyltrimethylammoniumbromid (Cetrimid)	p. a.	$C_{19}H_{42}BrN$	364,46		Fluka	52365	50 g
Hexan-1-sulfonsäure Na-Salz	für Chrom.	$C_8H_{13}NaO_3S$	188,22		Merck	1.183.050.025	25 g
Methansulfonsäure	p. a.	CH_4O_3S	96,10	1,48	Fluka	64280	100 ml
Trinatriumcitrat-Dihydrat	p. a.	$C_6H_5Na_3O_7 \cdot 2\,H_2O$	294,10		Merck	1.064.480.500	500 g
1-Octansulfonsäure Na-Salz · H_2O	p. a.	$C_8H_{17}NaO_3S \cdot H_2O$	234,29		Fluka	74882	50 g
Octylamin	z. S.	$C_8H_{19}N$	129,25	0,78	Merck	8.069.170.250	250 ml
Tetrabutylammoniumhydroxid	40 % i.H_2O	$C_{16}H_{37}NO$	259,50	1,00	Aldrich	17,878-0	250 ml
Tetramethylammoniumchlorid	p. a.	$C_4H_{12}ClN$	109,60		Fluka	74202	250 g
Triethylamin	f. Aminosre.	$C_6H_{15}N$	101,19	0,73	Fluka	90337	100 ml
Trifluoressigsäure	z. S.	$C_2HF_3O_2$	114,02	1,48	Merck	8.082.600.100	100 ml
Triplex III · 2 H_2O	p. a.	$C_{10}H_{14}N_2Na_2O_8$	372,24		Merck	1.084.180.250	250 g

Organische Lösungsmittel

	Reinheit	Summenformel	g/mol	g/L	Firma	Bestellnummer	Packung
Aceton	reinst	CH_3COCH_3	58,08	0,79	Merck	1.000.132.504	2,5 L
Acetonitril	für Chrom.	CH_3CN	41,05	0,78	Merck	347630	2,5 L
Benzol	p. a.	C_6H_6	78,11	0,88	Merck	1.017.783.250	2,5 L
Chloroform	stab. EtOH	$CHCl_3$	119,38	1,47	Merck	1.024.322.500	2,5 L
Dichlormethan	p. a.	CH_2Cl_2	84,93	1,33	Baker	7053	2,5 L
Diethylether	p. a.	$(C_2H_5)_2O$	74,12	0,71	Merck	1.009.211.000	1 L
Dioxan-1,4	für Chrom.	$C_4H_8O_2$	88,11	1,03	Merck	1.031.322.500	2,5 L
Ethanol	abs.	C_2H_6OH	46,07	0,79	Merck	1.009.832.500	2,5 L
Heptan-n	p. a.	C_7H_{16}	100,21	0,68	Merck	1.043.791.000	1 L
Hexan-n	p. a.	C_6H_{14}	86,18	0,66	Fluka	52762	2,5 L
Methanol p. a.	für Chrom.	CH_3OH	32,04	0,79	Baker	8045	2,5 L
Propanol-1	p. a.	$CH_3CH_2CH_2OH$	60,10	0,80	Merck	1.009.972.500	2,5 L
Propanol-2	p. a.	$CH_3CH(OH)CH_3$	60,10	0,79	Merck	1.096.342.511	2,5 L
Tetrahydrofuran	für Chrom.	C_4H_8O	72,11	0,89	Merck	1.081.012.500	2,5 L

Anhang D
Abkürzungen

Abkürzung	Bezeichnung	Beschreibung
FDA Form 482	Formblatt Inspektion	Wird der inspizierten Firma zu Beginn der Inspektion übergeben.
FDA Form 483	Mängelrüge	Auflistung der bei einer Inspektion registrierten Mängel.
AAPS	American Association of Pharmaceutical Scientists	Pharmazeutenverband (USA), informiert über neue Entwicklungen
AISI	American Iron and Steel Institute	Fachverband Eisen- und Stahlindustrie (USA)
AMIS	Arzneimittelinformationssystem Deutschland	Arzneimittel- und Stoffdatenbank
API	Active Pharmaceutical Ingredient	Wirkstoff
ANSI	American National Standards Institute	Amerikanische Normungsorganisation
BAH	Bundesfachverband der Arzneimittelhersteller	Industrievereinigung Pharma (Deutschland)
BGBl	Bundesgesetzblatt	Veröffentlichungsorgan für deutsche Gesetze
BP	British Pharmacopoeia	Britisches Arzneibuch
BN	Basler Norm	Werkstoffkennzeichnung
BR	Batch Record	Herstellprotokoll
BS	British Standard	Britische Industrienorm
CANDA	Computer Assisted New Drug Application	Elektronische Neuzulassung für ein Medikament (USA)
CEFIC	European Chemical Industry Council	Verband der Chemieindustrie in Europa
CFR	Code of Federal Regulations	Bundesgesetzbuch (USA)
GMP	Good Manufacturing Practice	Gute Herstellpraxis
CIM	Computer Integrated Manufacturing	Computergesteuerte Fertigung
COA	Certificate of Analysis	Analysenzertifikat
COP	Cleaning off Place	Reinigung und Zerlegen der Ausrüstung
CSV	Computer System Validation	Validierung des Computersystems
DAB	Deutsches Arzneibuch	mit Methoden für HPLC, GC, DC
DAMOS	Drug Application Methodology with Optical Storage	Unterlagen, die im Zulassungsverfahren (elektronisch) eingereicht werden

Abkürzung	Bezeichnung	Beschreibung
DGHM	Deutsche Gesellschaft für Hygiene und Mikrobiologie	
DHSS	Department of Health and Social Services	britisches Gesundheits- und Sozialministerium (alt)
DIN	Deutsches Institut für Normung	
DIP	Drying in Place	automatisches Trocknen von Anlagen
DKD	Deutscher Kalibrierdienst	
DOH	Department of Health	britisches Gesundheitsministerium
EBR	Electronic Batch Record	elektronischer Herstellbericht
EDMF	European Drug Master File	Qualitätsnachweis von Wirk- und Hilfsstoffen
EFPIA	European Federation of Pharmaceutical Industries Associations	Europäischer Verband der Arzneimittelhersteller
EIR	Establishment Inspection Report	Inspektionsbericht (FDA)
ELA	Establishment Licence Application	Zulassungsdokument der FDA (biologische Produktion)
EMEA	European Medicines Evaluation Agency	europäische Zentralbehörde für Arzneimittelzulassung
EN	European Norm	Europäische Norm
EuGH	Europäischer Gerichtshof	
FDA	Food and Drug Administration	Arzneimittelzulassungsbehörde (USA)
FD & C Act	Food, Drug and Cosmetics Act	gesetzliche Grundlage der FDA
FIRA	Federal Insecticide, Fungicide and Rodenticide Act	Pestizidgesetz (USA)
FMEA	Failure Mode and Effects Analysis	Fehler- und Folgenabschätzung (Risikoanalyse)
GAMP	Good Automated Manufacturing Practice	Leitfaden zur Computervalidierung
GAP	Good Analytical Practice	GMP im analytischen Labor
GCLP	Good Control Laboratory Practice	GMP im Kontrolllabor
GCP	Good Clinical Practice	Regeln für klinische Studien
GCVP	Good Computer Validation Practice	GMP bei Computeranwendungen
GLP	Good Laboratory Practice	Gute Laborpraxis
GMP	Good Manufacturing Practice	Gute Herstellpraxis

Anhang D Abkürzungen

Abkürzung	Bezeichnung	Beschreibung
GSP	Good Storage Practice	Empfehlungen des Pharmaverbands für die Lagerung
GWP	Good Warehousing Practice	GMP bei der Lagerverwaltung
ICH	International Conference on Harmonisation	Harmonisierung von Vorschriften EU/USA/Japan
IKS	Interkantonale Kontrollstelle für Heilmittel	Arzneimittelüberwachung (Schweiz)
INADA	Investigational New Animal Drug Application	Zulassungsantrag für Veterinärmedizin (USA)
IND	Investigational New Drug Application	Antrag auf klinische Prüfung (USA)
IFPMA	International Federation of Pharmaceutical Manufacturers	Internationaler Pharmaverband
IPC	In Process Control	Regelung eines Prozesses während des Ablaufs
IQ	Installation Qualification	Installationsqualifizierung
ISO	International Organization for Standardization	Internationale Normungsorganisation
LIMS	Laboratory Information Management System	Labordatensystem (EDV)
LD 50	Lethal Dose 50	Dosis eines Wirkstoffs, an der 50 % der Versuchtiere einer Versuchsreihe sterben
Lyo	Lyophilisator	Gefriertrockner
MBR	Master Batch Record	Haupt-Herstellbericht
MHW	Ministry of Health and Welfare (Japan)	Gesundheitsministerium (Japan)
MDR	Manufacturing Deviation Report	Abweichungsbericht der Hersteller
MSR	Mess-Steuer-Regeltechnik	
NDA	New Drug Application	Arzneimittel-Zulassungsantrag (USA)
NIH	National Institutes of Health	Forschungseinrichtung im öffentlichen Gesundheitswesen (USA)
NME	New Molecular Entity	Neuartiger Wirkstoff
OOS	Out of Specification	Analyseergebnis nicht erwartungsgemäß
OQ	Operational Qualifikation	Funktionsüberprüfung
PBR	Production Batch Record	Herstellungsbericht

Abkürzung	Bezeichnung	Beschreibung
PCS	Process Control System	Prozessleitsystem
PharmaBetrV	Pharmabetriebsverordnung	
PhEu	Europäisches Arzneibuch	
PL	Produkt Licence	Lizenz
PLS	Prozessleitsystem	
PQ	Performance Qualification	Leistungsqualifizierung
PV	Process Validation	Prozessvalidierung
PW	Purified Water	gereinigtes Wasser
QA	Quality Assurance	Qualitätssicherung
QC	Quality Control	Qualitätskontrolle
QCU	Quality Control Unit	Qualitätskontrolleinheit
QM	Qualitätsmanagement	
QMS	Qualitätsmanagementsystem	
QP	Qualified Person	Verantwortlicher gemäß EU-Pharmarecht
QS	Qualitätssicherung	
QSH	Qualitätssicherungshandbuch	
QSS	Qualitätssicherungssystem	
RO	Reverse Osmosis	Umkehrosmose (zum Beispiel zur Reinigung von Wasser)
RR	Reinraum	
SAT	Site Acception Test	Inbetriebnahme
SAL	Sterility Assurance Level	Sterilisationssicherheitsstufe
SCS	Swiss Calibration Service	Schweizerischer Kalibrierdienst
SMF	Site Master File	Firmenbeschreibung
SWISSMEDIC	Schweizerisches Heilmittelinstitut	Arzneimittel-Zulassungsbehörde (Schweiz)
TOC	Total Organic Carbon	Gesamtkohlenstoffgehalt
USP	United States Pharmacopoeia	Arzneibuch (USA)
VAP	Verband aktiver Pharmaunternehmen	Deutscher Pharmaverband
WFI	Water for Injection	Wasser für Injektionszwecke
WHO	World Health Organisation	Weltgesundheitsorganisation

Anhang E
Tabellen

Tabelle 10.1 Mischbarkeit von Lösungsmitteln.

	Essigsäure	Aceton	Acetonitril	Benzol	n-Butanol	Butylacetat	Tetrachlorkohlenstoff	Chloroform	Cyclohexan	Dichlormethan	DMF	DMSO	Dioxan	Ethanol	Ethylacetat	Diethylether	Heptan	Hexan	Methanol	Methylethylketon	Pentan	n-Propanol	i-Propanol	di-i-Propylether	Tetrahydrofuran	Toluol	Wasser	Xylen
Essigsäure																		x			x							
Aceton																												
Acetonitril									x								x	x			x							
Benzol																											x	
n-Butanol																											x	
Butylacetat																											x	
Tetrachlorkohlenstoff																											x	
Chloroform																											x	
Cyclohexan											x	x							x								x	
Dichlormethan											x	x				x											x	
DMF																	x	x			x			x				x
DMSO																	x	x			x							x
Dioxan																												
Ethanol																												
Ethylacetat																											x	

x = Nicht mischbar.

Tabelle 10.2 Umrechnung von Celsius zu Fahrenheit.

°C	°F	°C	°F	°C	°F
0	32	80	176	165	329
1	34	85	185	170	338
5	41	90	194	175	347
10	50	95	203	180	356
15	59	100	212	185	365
20	68	105	221	190	374
25	77	110	230	195	383
30	86	115	239	200	392
35	95	120	248	205	401
40	104	125	257	210	410
45	113	130	266	215	419
50	122	135	275	220	428
55	131	140	284	225	437
60	140	145	293	230	446
65	149	150	302	235	455
70	158	155	311	240	464
75	167	160	320	245	473

Tabelle 10.3 Umrechnung von Inches zu mm.

U.S. Inches	U.S. Decimal Inches	Metrisch
1/32	0,031	0,79
1/16	0,062	1,57
1/8	0,125	3,18
3/16	0,188	4,78
1/4	0,250	6,35
5/16	0,313	7,95
3/8	0,375	9,53
7/16	0,438	11,13
1/2	0,500	12,70
9/16	0,563	14,30
5/8	0,625	15,88
11/16	0,688	17,48
3/4	0,750	19,05
13/16	0,813	20,65
7/8	0,875	22,23
15/16	0,938	23,83
1	1	2,54
2	2	5,08
3	3	7,62
4	4	10,16
5	5	12,70
6	6	15,24
7	7	17,78
10	10	25,40

Literatur

Beim Verfassen des vorliegenden Buches wurden folgende Werke zu Rate gezogen:

BAUER, KARIN, LEO GRAS und WERNER SAUER: *DC Einführung*. Merck-Broschüre (**1989**).

BÖCK, JÜRGEN: *Chromatographie*. Vogel Buchverlag (**1997**).

GOTTWALD, WOLFGANG: *RP-HPLC für Anwender*. Wiley-VCH (**1993**).

JORK, FUNK, FISCHER, WIMMER: *Dünnschichtchromatographie*. Wiley-VCH (**1989**).

MACHEREY-NAGEL: *Reversed Phase HPLC Application Guide*.

MEYER, VERONIKA R.: *Fallstricke und Fehlerquellen der HPLC in Bildern*. Wiley-VCH (**1999**).

MEYER, VERONIKA R.: *Praxis der Hochleistungsflüssigchromatographie*. Laborbücher (**1990**).

PACHELY, PETER: *Dünnschicht in der Apotheke*. Wissenschaftlicher Verlag, Stuttgart (**1982**).

PLATTCHROM: *Handbuch der Chromatographie* (**2006**). Vereinsbroschüre der Plattform für Anwender chromatographischer Analysetechniken.

REHM, HUBERT: *Proteinbiochemie*. Spektrum Akademischer Verlag (**2000**).

SCHALK: *Mathematik für höhere technische Lehranstalten 2*. Reniets Verlag (**1992**).

SCHOMBURG, GERHARD: *Gaschromatographie*. taschentext (**1976**).

STAHL, EGON: *Dünnschichtchromatographie*. Springer Verlag (**1967**).

STAVROS KROMIDAS: *HPLC Tipps*. Hoppenstedt Bonnier Zeitschriften GmbH (**2003**).

UNGER, K. K. und E. WEBER: *Handbuch der HPLC*. GIT Verlag (**1995**).

VAN HORNE, K. C.: *Festphasenextraktion*. ict (**1993**).

Stichwortverzeichnis

a
Adsorptionschromatographie 6
Affinitätschromatographie 6
Agarose 142
Analysebericht 20
Analysenwaage 206
Anionenaustausch 192
anorganische Chemikalien 232 ff.
Archivierung 15, 28
Argon 94, 205
asymmetrische Peaks 31
Auflösung 39, 43, 154, 162
Aufstockung 46
Auftrageschablone 64
Ausheizen 106
automatische Entwicklungskammer 72
Autosampler 132

b
Basislinie 36, 42 ff., 162 f.
Basisliniendrift 162
Bearbeiter 19
Belastbarkeit GC-Säule 96
Berechnungen 28, 42 ff.
Bestimmungsgrenze 24
Bettvolumen 186
Bodenhöhe 8
Brechungsindex 134

c
CE Geräte 198
Chemikalien 20, 208
Chemstation, Steuerung 112 ff.
Chromatogramm 30
Chromatographie
– Einführung 4 f.
– Software 28
– Steuerung 28
Chromeleon, Steuerung 171 ff.

d
Datensystem 20
DC (Dünnsichtchromatographie)
– Auftragegerät 65
– Auswertung 47, 76
– Beispiele 80 ff.
– Derivatisierung 60, 74
– Detektion 74
– Dokumentation 76
– Einführung 4, 60
– Entwicklung 72
– Fliessmittel 66 f.
– halbquantitative Auswertung 76
– Identitätsprüfung 76
– Methodenwahl 70
– Nachweisreagenzien 74
– Probedosierung 64
– Probenaufbereitung 62
– qualitative Auswertung 76
– stationäre Phase 68 f.
– Trennleistung 68
– Trennschicht 68 f., 70
Densitometer 76
Derivat/postchromatographisch 60
Detektorempfindlichkeit 98, 133
Detektorgas 94
Dokumentation 76
Doppelfehler 161
Doppelpeak 31, 162
Druckdichtheit 110, 161 f.
Druckschwankung 162
Dünnschichtteilchen 68, 142

e
ECD (Elektroneneinfangdetektor) 98
Eddy Diffusion 8
Eichung 206, 208
Einengen 62
Einflüsse extern 13, 17

Chromatographie für Einsteiger. Karl Kaltenböck
Copyright © 2008 WILEY-VCH Verlag GmbH & Co. KGaA, Weinheim
ISBN: 978-3-527-32119-3

elektrochemische Suppression 194
elektrochemischer Detektor 134
elektronische Datenverwaltung 20
elektroosmotischer Fluss 197
elektrophoretische Mobilität 197
Elutrope Reihe 137 ff.
Entwicklungskammer 66
Europäische Norm 12
Europäisches Arzneibuch 24
externer Standard 45 f.
Extraktion 62 f.

f
Fällung 62
FDA 14 f.
Fehlerberechnung 56
Fehlerquelle GC 106 f.
Fehlersuche 160 ff.
Festphasenextraktion 186 ff.
FID (Flammenionisationsdetektor) 98
Filtrieren 62
Fließgeschwindigkeit 8
Fluoreszenz 134
Flussmessung 94
FPD (Flammenphotometrischer Detektor) 98
Fronting 31, 162
F-Test 58
Füllmaterial 140

g
Gasflüsse 94
Gasgenerator 94
Gasreinheit 94
Gassicherheit 94, 204
GC (Gaschromatographie)
– Adsorbenzien 96
– Beispiele 122 ff.
– Detektor 98, 106
– Einführung 4, 90
– Fehlersuche 106
– Gase 94
– Injektor 90, 92 f.
– Methodenentwicklung 102
– mobile Phase 102
– Praxis 111 ff.
– Qualifizierung 104
– Säule 96 f.
– stationäre Phase 96, 102
– Wartungsplan 104
GC/MS (Gaschromatographie/Massenspektrometrie) 100
GC-SOP 108 ff.
Gefahrgutaufkleber 203

Gehaltsberechnung 45 f.
Geisterpeak 162
Gelfiltration 6
gepackte Säulen 96
Geräte-Error 160 ff.
Gleichgewichtsverteilung 44
GLP (Good Laboratory Practice) 14 f.
GMP (Good Manufacturing Practice) 12
Gradientenlauf 48
Grubbs-Test 57

h
Head Space 92
Helium 94
Hochvakuumsystem 100
horizontale Entwicklung 72
HPLC (High Pressure Liquid Chromatography)
– Beispiele 177 ff.
– Detektor 132 ff.
– Einführung 4, 130
– Fehlersuche 160 ff.
– Geräte 130 f., 158
– Methode 154 ff.
– mobile Phase 136 f.
– Praxis 167 ff.
– Qualifizierung 158
– Säulen 140 ff.
HPLC/MS 134
HPLC-SOP 164 ff.
HPTLC 60 ff.

i
ICH 14
Inspektion 14
Integration 30 ff.
Integrationsparameter 30 ff.
Integrationsvolumen 45, 48
Integrator 30
interner Standard 46
Ionenausschluss 192, 196
Ionenaustausch 6, 142, 192, 196
Ionenchromatographie 142, 192 ff.
Ionenpaarreagenzien 192
Ionenquelle 100
Ionisationsmethode 101
ISO 9001 12

k
Kammergeometrie 66
Kammersättigung 66
Kapazitätsfaktor 44
Kapillarelektrophorese 197 ff.
Kapillarsäulen 97

Kationenaustausch 69, 192
Kieselgel 140
Kontrolllauf 156
Konzentrierzone 64
Korngröße 140
Kovats Index 47, 103

l

Laborbedarf 213 ff.
Labortechnik 202 ff.
Laborwaage oberschalig 206
Längendiffusion 8
Laufmittelfilter 164
Leak 163
lineare, Geschwindigkeit 44
Linearität 24
Liner 93, 104
Links 215 ff.
Lösungsmittel 208

m

Massenanalysator 100 f.
Massenverteilungsverhältnis 43
maximales Injektionsvolumen 48
Maximaltemperatur 97
Mehrfachentwicklung 72
Messkolben 208
Messzylinder 208
Methodenerstellung 18, 154 f.
Methodik HPLC 154 f.
Mikrozirkulartechnik 70
Mittelwert 55
Modalwert 55
Molekülgröße 6
MS (Massenspektroskopie)
– Basispeak 100
– Detektor 100
– Einlass 100
– Fragmentationspeak 100
– Isotopenpeak 100
– Molekülpeak 100

n

Nachweisgrenze 24
negative Peaks 31
Nettoretentionszeit 44
Normalphasen 68
Normalverteilung 56 f.

o

Octadecyl 69, 141
Octyl 69, 141
OQ/PV (Operational Qualification/ Performance Verification) 104, 158

p

Papierchromatographie 4
Peakbreite 42 ff.
Peakfläche 42 ff.
Peakhöhe 42
Peakmaxima 42
Peakschulter 31
Peak-Tal-Verhältnis 43
Periodensystem 250
pH-Messung 20, 206
Pipetten 20, 208, 210
Polarität 137 ff.
Polaritätsunterschiede 137
Polystyrol 142
Porengröße 140
Porenweite 140
PQ (Performance Qualification) 104, 159
Präzision 22
Press too high 163
Probe QS 15, 18
Probeeigenschaften 154
Probenahme 154
Probevorbereitung 24, 154
Prüfgewicht 206
Prüfgröße 56 f.
Prüfleiter 13, 16
PTV-System 92
Pumpen 130
Pumpen Error 163

q

Qualifizierung 158
Qualität 12
Qualitätssicherung 12 ff.

r

radiale Entwicklung 72
Regelkarte 57
Reinstwasseranlage 208
relative Retention 43 f.
Reproduzierbarkeit 22
Responsefaktor 46
Retentionsvolumen 44
Revalidierung 24
Reverse Phase 142
Richtigkeit 22
Robustheit 24
Rohdaten 24
Rohrschneider-Konstante 96 f.
RSD (Relative Standard Deviation) 56

s

Sandwichverfahren 72
Säulen HPLC 140 ff.

Schichtdicke 68
Seifenblasenzähler 95
Selektivität 22, 44
Septum 93, 104
Siedepunkt 137 ff.
Signal/Rausch-Verhältnis 43
Silanolgruppe 141
Silicagel 140 f.
SOP (Standard Operating Procedure) 18 f.
– DC 78 ff.
– GC 108 ff.
– HPLC 164 ff.
SPE (Solid Phase Extraction) 186 ff.
spezifische Oberfläche 140
Spezifität 22
Split/Splitless 92
Spot-Test 70
Spritzen GC 92
Spritzenfilter 62
Sprühlösung 72
Stabilität 24
Stahl'sches Dreieck 70
Standard 15, 18
Standardabweichung 55 f.
stationäre Phase HPLC 140 ff.
stationäre Phase SPE 186 f.
Statistik 55 ff.
Stichprobe 55
Stickstoff 94
Stoffaustausch 8
Styrol-Divinylbenzol 141 ff.
Suppressor 194
Symmetriefaktor 43
Synthetische Luft 94
Systemeignungstest 24
Systemtest 26

t
Tailing 31, 36, 154
Tauchen 74
Temperaturgradient 100 f.
Temperaturkorrekturfaktor 213
theoretische Böden 44 f.
TID (Thermoionischer Detektor) 98
Totzeit 48
Trennstufenzahl 44 f.
t-Test 58

u
Ultraschall 206
USP 24
USP-Säulen 144 ff.
UV-Detektor 134
UV-Grenze 137 ff.

v
Validierung 19, 22
Van-Deemter-Gleichung 8
Varianz 55
Variationskoeffizient 56
Verdünnung 45
Vergleichszelle 98, 134
Verteilungschromatographie 6
Verteilungskoeffizient 43
Viskosität 137 ff.
Volumenänderung 46, 208

w
Waage 20
Wahrscheinlichkeit 56
Wartungsplan GC 56
Wasserstoff 94
Wiederholbarkeit 22
WLD (Wärmeleitfähigkeitsdetektor) 98

z
Zentralwert 55
zweidimensionales DC 72

Periodensystem der Elemente

Periodensystem der Elemente

Periode	1	2	3	4	5	6	7	8	9	10	11	12	13/III	14/IV	15/V	16/VI	17/VII	18/VIII
1	1 H 1.0079																	2 He 4.003
2	3 Li 6.941	4 Be 9.012											5 B 10.81	6 C 12.01	7 N 14.01	8 O 16.00	9 F 19.00	10 Ne 20.18
3	11 Na 22.99	12 Mg 24.31											13 Al 26.98	14 Si 28.09	15 P 30.97	16 S 32.07	17 Cl 35.04	18 Ar 39.95
4	19 K 39.10	20 Ca 40.08	21 Sc 44.96	22 Ti 47.88	23 V 50.94	24 Cr 52.00	25 Mn 54.94	26 Fe 55.85	27 Co 58.93	28 Ni 58.71	29 Cu 63.54	30 Zn 65.37	31 Ga 69.72	32 Ge 72.59	33 As 74.92	34 Se 78.96	35 Br 79.91	36 Kr 83.80
5	37 Rb 85.47	38 Sr 87.62	39 Y 88.91	40 Zr 91.22	41 Nb 92.91	42 Mo 95.94	43 Tc* 98.91	44 Ru 101.07	45 Rh 102.91	46 Pd 106.4	47 Ag 107.87	48 Cd 112.40	49 In 114.82	50 Sn 118.69	51 Sb 121.75	52 Te 127.60	53 I 126.90	54 Xe 131.30
6	55 Cs 132.91	56 Ba 137.34	La-Lu	72 Hf 178.49	73 Ta 180.95	74 W 183.85	75 Re 186.2	76 Os 190.2	77 Ir 192.2	78 Pt 195.09	79 Au 196.97	80 Hg 200.59	81 Tl 204.37	82 Pb 207.19	83 Bi 208.98	84 Po* 210.00	85 At* 210.00	86 Rn* 222.0
7	87 Fr* 223.0	88 Ra* 226.03	Ac-Lr	104 Rf 261	105 Db 262	106 Sg 263	107 Bh 262	108 Hs 265	109 Mt 266	110 Ds 271	111 Rg 272	112 Uub	113 Uut	114 Uuq				

Lanthanoide

57 La 138.91	58 Ce 140.12	59 Pr 140.91	60 Nd 144.24	61 Pm* 146.92	62 Sm 150.35	63 Eu 151.96	64 Gd 157.25	65 Tb 158.92	66 Dy 162.50	67 Ho 164.93	68 Er 167.26	69 Tm 168.93	70 Yb 173.04	71 Lu 174.79

Actinoide

89 Ac* 227.03	90 Th* 232.04	91 Pa* 231.04	92 U* 238.03	93 Np* 237.05	94 Pu* 239.05	95 Am* 241.06	96 Cm* 247.07	97 Bk* 249.08	98 Cf* 251.08	99 Es* 254.09	100 Fm* 257.10	101 Md* 258.10	102 No* 259.10	103 Lr* 262.1

s-Block · d-Block · p-Block · f-Block